科学史译丛

近代科学的建构

机械论与力学

〔美〕理查德·韦斯特福尔 著

张卜天 译

本书翻译受北京大学人文社会科学研究院资助

《科学史译丛》总序

现代科学的兴起堪称世界现代史上最重大的事件，对人类现代文明的塑造起着极为关键的作用，许多新观念的产生都与科学变革有着直接关系。可以说，后世建立的一切人文社会学科都蕴含着一种基本动机：要么迎合科学，要么对抗科学。在不少人眼中，科学已然成为历史的中心，是最独特、最重要的人类成就，是人类进步的唯一体现。不深入了解科学的发展，就很难看清楚人类思想发展的契机和原动力。对中国而言，现代科学的传入乃是数千年未有之大变局的中枢，它打破了中国传统学术的基本框架，彻底改变了中国思想文化的面貌，极大地冲击了中国的政治、经济、文化和社会生活，导致了中华文明全方位的重构。如今，科学作为一种新的"意识形态"和"世界观"，业已融入中国人的主流文化血脉。

科学首先是一个西方概念，脱胎于西方文明这一母体。通过科学来认识西方文明的特质、思索人类的未来，是我们这个时代的迫切需要，也是科学史研究最重要的意义。明末以降，西学东渐，西方科技著作陆续被译成汉语。20 世纪 80 年代以来，更有一批西方传统科学哲学著作陆续得到译介。然而在此过程中，一个关键环节始终阙如，那就是对西方科学之起源的深入理解和反思。应该说直到

20 世纪末，中国学者才开始有意识地在西方文明的背景下研究科学的孕育和发展过程，着手系统译介早已蔚为大观的西方科学思想史著作。时至今日，在科学史这个重要领域，中国的学术研究依然严重滞后，以致间接制约了其他相关学术领域的发展。长期以来，我们对作为西方文化组成部分的科学缺乏深入认识，对科学的看法过于简单粗陋，比如至今仍然意识不到基督教神学对现代科学的兴起产生了莫大的推动作用，误以为科学从一开始就在寻找客观"自然规律"，等等。此外，科学史在国家学科分类体系中从属于理学，也导致这门学科难以起到沟通科学与人文的作用。

有鉴于此，在整个 20 世纪于西学传播厥功至伟的商务印书馆决定推出《科学史译丛》，继续深化这场虽已持续数百年但还远未结束的西学东渐运动。西方科学史著作汗牛充栋，限于编者对科学史价值的理解，本译丛的著作遴选会侧重于以下几个方面：

一、将科学现象置于西方文明的大背景中，从思想史和观念史角度切入，探讨人、神和自然的关系变迁背后折射出的世界观转变以及现代世界观的形成，着力揭示科学所植根的哲学、宗教及文化等思想渊源。

二、注重科学与人类终极意义和道德价值的关系。在现代以前，对人生意义和价值的思考很少脱离对宇宙本性的理解，但后来科学领域与道德、宗教领域逐渐分离。研究这种分离过程如何发生，必将启发对当代各种问题的思考。

三、注重对科学技术和现代工业文明的反思和批判。在西方历史上，科学技术绝非只受到赞美和弘扬，对其弊端的认识和警惕其实一直贯穿西方思想发展进程始终。中国对这一深厚的批判传统仍不甚了解，它对当代中国的意义也毋庸讳言。

四、注重西方神秘学（esotericism）传统。这个鱼龙混杂的领域类似于中国的术数或玄学，包含魔法、巫术、炼金术、占星学、灵知主义、赫尔墨斯主义及其他许多内容，中国人对它十分陌生。事实上，神秘学传统可谓西方思想文化中足以与"理性"、"信仰"三足鼎立的重要传统，与科学尤其是技术传统有密切的关系。不了解神秘学传统，我们对西方科学、技术、宗教、文学、艺术等的理解就无法真正深入。

五、借西方科学史研究来促进对中国文化的理解和反思。从某种角度来说，中国的科学"思想史"研究才刚刚开始，中国"科"、"技"背后的"术"、"道"层面值得深究。在什么意义上能在中国语境下谈论和使用"科学"、"技术"、"宗教"、"自然"等一系列来自西方的概念，都是亟待界定和深思的论题。只有本着"求异存同"而非"求同存异"的精神来比较中西方的科技与文明，才能更好地认识中西方各自的特质。

在科技文明主宰一切的当代世界，人们常常悲叹人文精神的丧失。然而，口号式地呼吁人文、空洞地强调精神的重要性显得苍白无力。若非基于理解，简单地推崇或拒斥均属无益，真正需要的是深远的思考和探索。回到西方文明的母体，正本清源地揭示西方科学技术的孕育和发展过程，是中国学术研究的必由之路。愿本译丛能为此目标贡献一份力量。

张卜天

2016年4月8日

目　　录

序　言

在过去7年里，我一直在讲授17世纪科学史。这本面向普通大学生的教科书总结了我对这一主题的理解。我意识到自己的理解尚未达到（甚或接近）最终的成熟；我猜想，如果5年后重写这本书，我会用更多的篇幅来讨论文艺复兴时期的自然主义（或者我有时所谓的赫尔墨斯主义传统）和科学运动的社会形式。然而，我并不认为这些变化会将本书彻底改观。它们只会构成对结构的修改，这种结构致力于对科学革命做出一种具有持久价值的融贯解释。

本书的完成得益于许多人和机构。感谢印第安纳大学及其科学史与科学哲学系使我能够为了撰写本书而持续进行研究。感谢剑桥大学、哈佛大学和印第安纳大学等地的图书馆为我提供了便利和服务。我的学生们提出了善意的怀疑，使我有机会让各种思想接受检验。我在印第安纳大学等地的同事们提供了内行的建议和批评。我的家庭始终在支持我，否则任何机会都不会有结果。最后感谢我的儿子阿尔弗雷德为我编制了索引。

理查德·S. 韦斯特福尔

导　　言

两大主题主导着17世纪的科学革命——柏拉图主义-毕达哥拉斯主义传统和机械论哲学：柏拉图主义-毕达哥拉斯主义传统以几何方式来看待自然，确信宇宙是按照数学秩序原理建构起来的；而机械论哲学则设想自然是一部巨大的机器，并试图解释现象背后所隐藏的机制。本书探讨近代科学是如何在这两种主导潮流的共同影响下建立起来的。这两种潮流并非总能协调相配。毕达哥拉斯主义传统以秩序的方式来处理现象，满足于发现精确的数学描述，并把这种描述看成对宇宙终极结构的表达。而机械论哲学则关注个别现象的因果关系。笛卡儿主义者至少确信自然界对人的理性来说是清晰透明的，机械论哲学家一般来说力图从自然哲学中消除任何残存的模糊痕迹，表明自然现象是由不可见的机制引起的，这些机制非常类似于我们在日常生活中所熟知的那些机制。这两种思想潮流追求着不同的目标，往往相互冲突，而且受此影响的并不只是数理科学。由于它们提出了相互冲突的科学理想和不同的方法程序，像化学和生命科学这样远离毕达哥拉斯主义几何化传统的科学都受到了这种冲突的影响。对机械因果关系的解释往往与通往精确描述的道路相反，科学革命的完全实现要求解决这两种主导潮流之间的张力。

1

2 科学革命并不只是对自然思想的范畴加以重建。它也是一种社会现象，既表明从事科学研究活动的人越来越多，又催生了一批在现代生活中发挥越来越大作用的新机构。然而在我看来，思想按照自身的内在逻辑发展乃是近代科学建立过程中的核心要素。虽然我试图显示科学运动的某些社会后果，但本书表达了我的这样一个信念：科学革命的历史必须首先集中于思想史。

第一章　天界动力学和地界的力学

17 世纪来临之际，哥白尼的天文学革命已经过去了 50 余年。也许更确切的说法是，哥白尼的《天球运行论》（*De revolutionibus orbium coelestium*，1543）① 一书面世已逾半个世纪。这本书是否会引发一场革命还悬而未决。1600 年的时候，有两个人才刚刚开始自己的科学生涯，但正是他们成了这场革命的主要推手。约翰内斯·开普勒（Johannes Kepler，1571—1630）和伽利略·伽利雷（Galileo Galilei，1564—1642）都承认哥白尼是自己的导师，都致力于巩固哥白尼所开创的天文学理论革命。两人都为巩固这场革命做出了重要贡献，尽管在此过程中，两人都以哥白尼可能不会接受的方式修改了哥白尼的学说。哥白尼本人曾在业已接受的亚里士多德主义科学的大致框架下对行星理论作了有限的修改。而到开普勒和伽利略做完时，有限的修改已经成为一场彻底的革命，为近代科学的结构奠定基础的 17 世纪的工作就在于研究开普勒和伽利略所揭示的问题。思想史并不总能整齐地划分成与日历吻合的预定单元，科学家们也不关心如何把自己的工作组合成方便学术发展的单元。然而，17 世纪的黎明确实与科学新纪元的曙光

---

① *On the Revolutions of the Heavenly Spheres.*

同步。

四年前的1596年，随着《宇宙的奥秘》(*Mysterium Cosmographicum*)[①]的出版，开普勒开始了自己的职业生涯。在20世纪的人看来，这本书甚至比其标题所昭示的更加神秘。但详细考察之后，它的奥秘有助于阐明开普勒的大部分工作。这本书公然承认哥白尼的学说，并着手从行星的数目来证明日心说的有效性。由于月亮在托勒密体系中被视为行星，所以哥白尼体系中的行星少了一颗，是六颗而不是七颗。开普勒试图表明为什么上帝选择用六颗行星创造宇宙，一个日心说的宇宙。事实证明，上帝之所以这样选择，是因为存在五种而且只存在五种正多面体。如果在土星半径界定的球体中内接一个立方体，那么立方体中内切球的半径将是木星的半径，等等。就这样，五个正多面体界定了六个球体之间的空间，由于只存在五种正多面体，所以只存在着六颗行星。《宇宙的奥秘》所问的并不是近代科学倾向于提出的那种问题。正因如此，它更清楚地揭示了开普勒天文学工作的基本假设。和之前的哥白尼一样，开普勒也深受文艺复兴时期新柏拉图主义的影响，并且从中吸纳了宇宙是按照几何原理构造的这一原理。比哥白尼晚两代的开普勒得以看到哥白尼体系在哪些地方没有达到两人共同秉持的几何简单性理想。开普勒的工作可以说是按照新柏拉图主义原则对哥白尼天文学的完善。

开普勒同样确信，天文学理论不能只是一套用来解释观测现象的数学工具，而是也必须基于可靠的物理原则，并从原因导出行

---

① *Cosmographic Mystery.*

星的运动。他给自己最伟大的著作冠以《基于原因的新天文学，或火星运动评注所阐释的天界物理学》（*New Astronomy Founded on Causes, or Celestial Physics Expounded in a Commentary on the Movements of Mars*）之名。[①] 自开普勒之前近两千年的亚里士多德时代以来，几乎所有人都认为，从物理上讲，天是由水晶球体构成的。天界被认为是完美和不变的，则便要求组成天界的物质不同于尘世可朽物体所由以构成的四元素。绕轴旋转是各个天球唯一可能做的运动，它对应于完美的圆周运动，人们期待天文学家根据这种运动来构建自己的理论。哥白尼著作标题中的"天球"便是这些水晶球体。然而，开普勒确信水晶天球并不存在。第谷·布拉赫（Tycho Brache）等人对1572年新星和1577年彗星的认真观察已经表明，这两颗星都位于据说永恒不变的月上区。这颗彗星的运动似乎与水晶天球的存在是不相容的。"正如第谷·布拉赫所证明的那样，坚固的天球并不存在"，开普勒的作品仿佛通篇都在重复这句话。如果粉碎了水晶天球，就必须建立一种新的天界物理学来解释行星稳定的循环运动。寻求物理原因与寻求几何结构同时进行——对开普勒来说，这两者只是同一个实在的不同侧面罢了。

开普勒所运用的物理原理表达了亚里士多德动力学的基本命题，而17世纪则以一套完全不同的命题取而代之。尽管如此，开普勒仍然是近代天界力学的奠基人。他第一次明确断言，人们长

① 拉丁文（和希腊文）原文是：*Astronomia nova ΑΙΤΙΟΛΟΓΗΤΟΣ seu physica coelestis tradita commentariis de motibus stellae Martis*。

期以来所接受的天界的水晶结构并不存在，必须就天界的运动提出一套新问题。他相信大自然是统一的，试图通过地界力学所使用的原理来解释现象。开普勒思想的这个方面尤其使他成为近代科学史上一个引人注目的人物。在他那里我们可以看到，一种以地界力学原理为基础的天界力学开始取代对天界的纯粹运动学处理。现在，天文学试图理解控制行星运动的力，而不再是对圆的操纵，圆曾被认为表达了天界这个独立领域的完美和不朽。虽然事实最终表明，开普勒的动力学原理并不令人满意，但他仍然根据这些原理得出了我们今天接受的行星运动定律。

当然，开普勒试图揭示的是真实的数学结构和真实的物理原因。这些东西必须与观测相一致，开普勒拒绝违背观测事实而将理论先验地强加于自然。《宇宙的奥秘》的问题就在这里。就水星和土星而言，理论与业已接受的观测结果大相径庭。但开普勒意识到，业已接受的观测结果是不可靠的，而当代的观测家第谷·布拉赫正在收集比这准确得多的数据。1600 年，开普勒成了第谷的助手。1601 年，第谷去世，天才的开普勒径直将这些宝贵的观测数据为己所用。通过研究这些不可替代的数据，开普勒逐渐提出了行星运动定律。

6

火星将成为他研究的主要对象。开普勒一直主张太阳系在结构上是统一的，他会毫不犹豫地将自己就火星得出的结论应用于其他行星。出版于 1609 年的《新天文学》便体现了这些结论。但它也包含更多的东西。它可以说是一部思想自传，详细描述了研究的每一步，这使我们可以追踪开普勒思想的发展，而对其他科学家则很少能够做到这一点。书中所揭示的思想发展是双重的：一方面是远离对圆的古老痴迷和接受非圆轨道；另一方面则是远离万物有灵论的思维方式和转向一种明显机械论的宇宙观。

自希腊科学兴起以来，天文学一直试图通过匀速圆周运动的组合来解释天界现象。圆是完美的图形，只有它才适合描述天界。开普勒起初也借助于圆来思考火星，但从一开始他的处理就不同于前人。他之前的天文学家都是用圆的组合——一个基本的均轮（deferent）再加上偏心轮（eccentrics）与本轮（epicycles）的任意组合——来解释行星的视位置（参见图1.1）。半径的矢量叠加，也就是将它们首尾相连，必须把行星置于实际观测到的位置上。与此相反，开普勒从一开始关心的就是轨道本身，他确信新的物理思考必定会胜利，水晶天球并不存在，但行星仍然会沿着明确的轨道穿过广大的空间。以前的理论都不曾提出行星的轨道是圆。开普勒先是尝试将火星安置在这样一个圆形轨道之上。但在利用圆的过程中，开普勒开始拒斥它，他否认匀速圆周运动，并按照证据的要求接受了这样一个命题：火星以变化的速度沿着自己的轨道运动。

开普勒为这一理论投入了两年的努力，但最终未能成功。它含有8分的误差。此前，哥白尼曾经满足于10分的精度；但开普勒不会忘记，第谷的观测迫使他采用更高的标准。“仁慈的上帝将第谷·布拉赫这样一位如此勤勉的观测者赐予了我们。他的观测

7

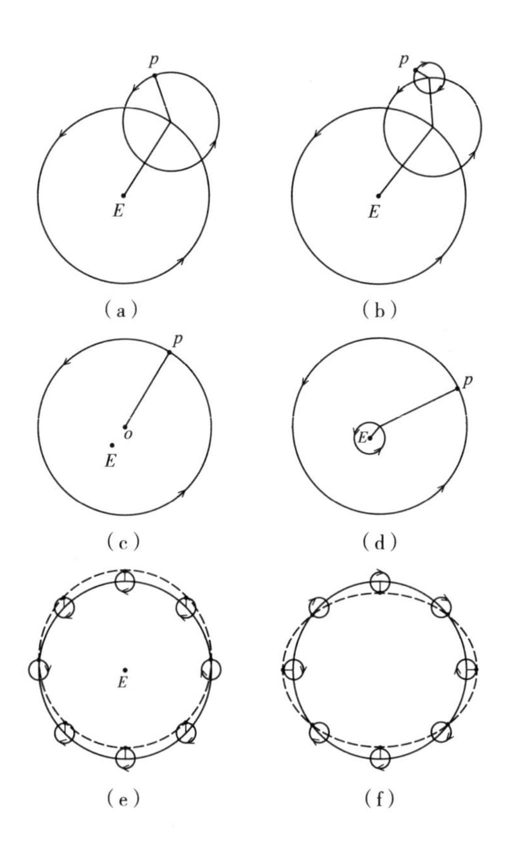

图 1.1 托勒密天文学的几何学设计。(a)均轮上的一个大本轮。(b)大本轮上的一个本轮。(c)偏心轮。(d)均轮上的一个偏心轮。(e)一个周期与均轮相同的小本轮的影响。(f)一个周期为均轮两倍的小本轮的影响。

8 表明,火星的计算结果有 8 分的误差。我们应当充满感激地认清和利用上帝的这份恩赐。”开普勒对第谷观测的第一次利用就是否定了自己两年来的工作。

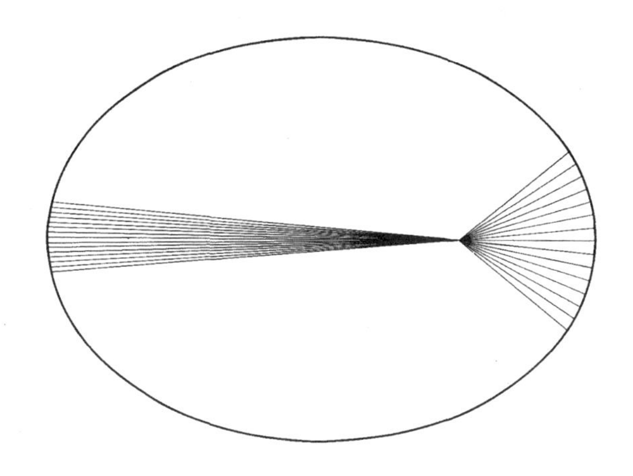

图 1.2　开普勒的面积定律。椭圆的偏心率被大大夸大了。每两条线之间的空白表示一个时间单元。

遭遇了暂时的挫折之后，开普勒从火星轨道转向了地球轨道。他将处理火星时使用的原理加以拓展，得出结论说：地球的速度与它到太阳的距离成反比。开普勒的“速度定律”（牛顿后来证明它是不正确的）充当着研究的指路明灯。他从中导出了面积定律，今天我们仍然认为它是正确的，并称之为开普勒的第二行星运动定律。如果速度与太阳的距离成反比，那么每一小段轨道与太阳的距离（或矢径）必定与行星经过这段轨道的时间成正比。但可以认为，到轨道各个小段的矢径之和等于行星运转时矢径扫过的面积（参见图 1.2），因此，所经过的时间与扫过的面积成正比。虽然这种数学推理是错误的，作为前提的速度定律也是错误的，但事实证明结论却是正确的。面积定律可以满足一种特殊的技术需要。在古老的本轮－均轮天文学中，行星的位置可以通

9

过半径的矢量相加计算出来,每颗行星都在作匀速转动。天文学中圆的力量主要就在于它的技术效用。但如今,包含多个圆的机械结构已被废除,行星正以不均匀的速度沿着一个圆运动,所以开普勒需要一个公式来计算行星的位置。面积定律给出了这个公式。在此过程中,面积定律也使天文学中必不可少的圆变得可有可无了。

开普勒由(错误的)速度定律导出了面积定律。速度定律也暗示了其天界力学的基本要素,这依赖于为太阳指定的核心动力功能。开普勒确信太阳在宇宙中起着首要作用。作为一切光和热的来源,太阳也必定是一切运动之源,是太阳系的动力中心。开普勒设想有某种力量从太阳辐射出来,就像轮子的辐条一样。太阳绕轴旋转时,这些辐条将推动行星运转(见图 1.3)。开普勒的天界力学中没有任何东西能把行星拉离切向轨道,并把它保持在围绕太阳的轨道上。即使是这个打破了圆对天文学束缚的人,其思想也持续受到圆的束缚,一个证据是,开普勒从未怀疑过,行星若是移动,会沿着封闭的轨道绕太阳运转。显然,开普勒采用的是亚里士多德力学的基本命题,根据这些命题,一个物体只有受到持续推动才能一直运动,其速度与推动力成正比。因此,速度定律似乎是太阳系基本动力学的一个明显推论。太阳辐射力的效果应当随着距离的增大而成比例地减小,每颗行星的速度应当与太阳的距离成反比。

开普勒越是思索行星运动的动力学,就越能让我们回想起杠杆的基本关系。行星离太阳越远,太阳的力量就越难以推动它。当从太阳辐射出来的力的概念第一次出现在《宇宙的奥秘》中时，开普勒称之为“致动灵魂”（*anima motrix*），这个短语含有浓重的万物有灵论意味。1621年，他在准备《宇宙的奥秘》的第二版时补充了一个注脚：“如果用‘力’（*vis*）这个词来取代“灵魂”（*anima*），你便拥有了《火星评注》[即《新天文学》]中的物理 10

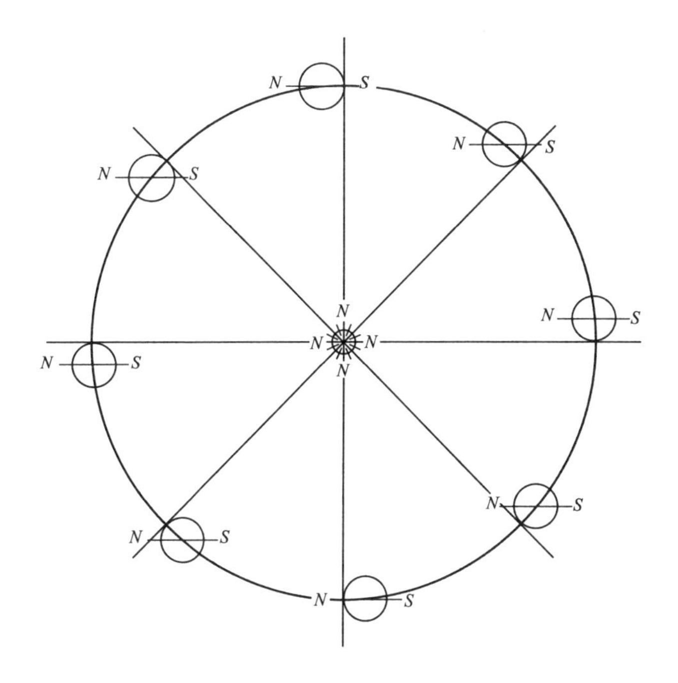

图1.3　开普勒的天界力学。行星围绕太阳旋转时，轴的指向保持恒定。太阳是个特殊的磁体，其表面构成了一个磁极，其中心则构成了另一个磁极。行星在一半轨道上被太阳吸引，在另一半轨道上被太阳排斥。

学所基于的原则。因为我以前深受尤里乌斯·凯撒·斯卡利格[①]关于致动灵智（motive intelligences）[②]学说的影响，坚信推动行星运动的原因是一个灵魂。但是当我认识到随着与太阳距离的增加，这种动因会像太阳光的衰减一样逐渐变弱时，我推断这种力可能是物理的。”从“致动灵魂”到“力”，从万物有灵论到机械论，开普勒思想的发展预示了17世纪的科学进程。

11

与此同时，他的天界动力学中仍然有一个问题没有解决。是什么原因造成了行星与太阳距离的变化？对这个问题的研究使开普勒进一步远离了圆形轨道。关于距离变化，天文学传统给出的明确回答是，本轮沿着均轮转动。开普勒起初试图通过本轮来解释距离的变化，便证明了圆的传统对他的影响力。然而，本轮机制违反了他对物理实在的理解。行星需要灵智沿一个本轮来推动，而本轮中心则是一个不被物体占据的动点。开普勒在重新思考火星时发现，如果用一个椭圆来拟合他现在认为是卵形的轨道，那么矢径长度将按照一个均匀的正弦函数来变化。这种均匀的变化暗示出一种无需灵智监管的纯物理作用。本轮机制终于可以被一劳永逸地抛弃了。开普勒说这就像“一个人从睡梦中醒来，惊讶地凝视着新的光亮”。开普勒最终断定，行星在一半轨道上被太阳的磁作用所吸引，此时行星的一极朝向太阳，在另一半轨道上被太阳的磁作用所排斥，此时行星的另一极朝向太阳（见图1.3）。与此同

① 斯卡利格（Julius Caesar Scaliger，1484—1558），意大利学者和医生，致力于运用文艺复兴时期人文主义的技巧和发现来捍卫亚里士多德主义。——译者

② “灵智”一般指天使。——译者

时，圆的束缚已被打破，开普勒进而得出结论说，轨道的确非常接近于一个椭圆，太阳位于它的一个焦点上——这就是所谓的开普勒第一行星运动定律。

虽然开普勒后来发现了所谓的第三定律（它将每颗行星的周期T与平均半径R联系起来，使得T^2/R^3对于太阳系来说是常数），但对于当时来说，其最重要的工作在于前两条定律。近一个世纪以前，哥白尼已经开始寻找一个能够满足几何简单性要求的行星体系。开普勒解决了哥白尼的问题，使简单性达到了此前天文学史上甚至做梦也想不到的水平。如果承认哥白尼的初始假设，即太阳系的中心是太阳而不是地球，那么只要一条圆锥曲线便足以描绘每颗行星的轨道。偏心圆和本轮的所有复杂性被椭圆的简单性一举消除。当然，诱饵中隐藏了一个钓钩。接受椭圆简单性的代价是抛弃了圆及其所有古代涵义，如完美性、不变性和秩序等。开普勒只是逐步地和不完全地摆脱了圆对其想象力的控制，而且他从未忘记圆的吸引力。在他看来，第二定律的主要价值在于用它所提供的新的均匀性取代了圆周运动的均匀性。他曾对一位反对椭圆的朋友说，圆就像一个妖娆的妓女，诱使天文学家远离了纯真的自然。他的老师哥白尼则更喜欢轻佻的姑娘。如果说开普勒完善了哥白尼天文学，那么也可以说他摧毁了哥白尼天文学。 12

开普勒之所以令我们着迷和困惑，至少有一半是因为，我们所谓的开普勒三定律隐藏在对20世纪的思维方式来说格格不入的大量思辨中，比如将音乐和谐与行星运动联系起来的思辨，关于宇宙几何结构的思辨，特别是关于天界动力学正在采用但即将被取代的观念的思辨。我们该如何解释由早已遭到拒斥的原理能够导出被认为正确的定律呢？要想解释这种反常，就必须区分发现的方法和证实的方法。开普勒定律之所以经受住了时间的检验，是因为它们符合观测到的事实。第谷的数据使他得到了一套可靠的观测结果，他拒绝接受与之相矛盾的结论。他是如何得出结论的呢？观测结果仅仅是行星在恒星背景中的位置——行星在不同观测时间所处位置的排列。我们无法设想开普勒径直将它们画在图上，就能看出结果是一个椭圆，否则天文学就不用等开普勒去发现椭圆轨道了。研究是需要有原理来指导的，而所有旧的原理似乎都在瓦解。他宣称水晶天球已被摧毁，这蕴含着多么重大的后果啊。长期以来被认为毫无疑问的宇宙结构遭到了怀疑和拒斥。开普勒的原理为研究提供了必要的基础，无论我们觉得这些原理有多么奇怪，都不能忽视它们所扮演的角色。即使一种新的力学科学很快就要取代他的物理原理，我们也不要忘记是开普勒第一次认识到了新天文学图景的全部内涵，并且提出了天界动力学的问题。无论在科学领域还是在其他研究领域，正确地提出问题比回答问题更重要。自那以后，科学一直把天体运动问题当作力学问题来处理。

对于开普勒版本的日心天文学，具有正常智力的人会作何反应呢？作为一个几何假说，其优点是显而易见的，但是否有理由将它看成真实的宇宙体系呢？如果对个中理由进行考察，它作为假说所具有的优点似乎就是接受它的主要理由。也就是说，除了几何简单性，几乎没有什么证据支持它。诚然，望远镜已经发明出来，1609 年伽利略将它对准了天空。他的确观察到了一些支持日心体系的东西，但几乎所有这些东西都只是强化了已经基于其他理由而提出的论点。月亮上的环形山和太阳上的斑点似乎与天界的完美性和不变性相矛盾，但1572年的新星和1577年的彗星也是如此。木星的卫星则可能性质有所不同。在发现木星的卫星之前，月亮就像是一颗围绕行星运转的行星，这似乎是日心体系中无法解释的反常，因此是对日心体系的一个反驳。即使木星的卫星没有解释这种现象，至少也破坏了月亮的独特性，使月亮看起来不那么反常。但木星的卫星并没有从正面支持日心体系，而金星的位相却给予了正面支持。在地心体系中，金星总是介于太阳与地球之间，因此始终呈新月形。而在日心体系中，金星可运行到太阳背后，因此可以显得近乎完整——当然，望远镜已经揭示了这一点（见图1.4）。但还有一件事情望远镜没有揭示，就哥白尼革命而言，这是最令人困惑的望远镜观测结果。望远镜并未显示有恒星视差。从哥白尼体系诞生那一刻起，恒星视差的重大意义就是显而易见的。如果地球沿一个巨大的轨道绕太阳运转，那么恒星的位置应随着观测者从轨道的一端移到另一端而有所改变（见图1.5）。然而，所谓的恒星视差不仅肉眼看不到，透过望远镜也看不到。我们今天知道，恒星的距离异常遥远，只有用非常强大的望远镜才能分辨出这个很小的角度，而这种望远镜直到19世纪才发明出来。伽利略的望远镜分辨不出它，恒星视差的隐而不现至少抵消了金星的位相所提供的正面证据。哥白尼-开普勒体系的成败取决于几何上的和谐与简单。主要是由于这种优点，人们需要推翻一种包括了物理学、哲学、心理学和宗教等各方面

14

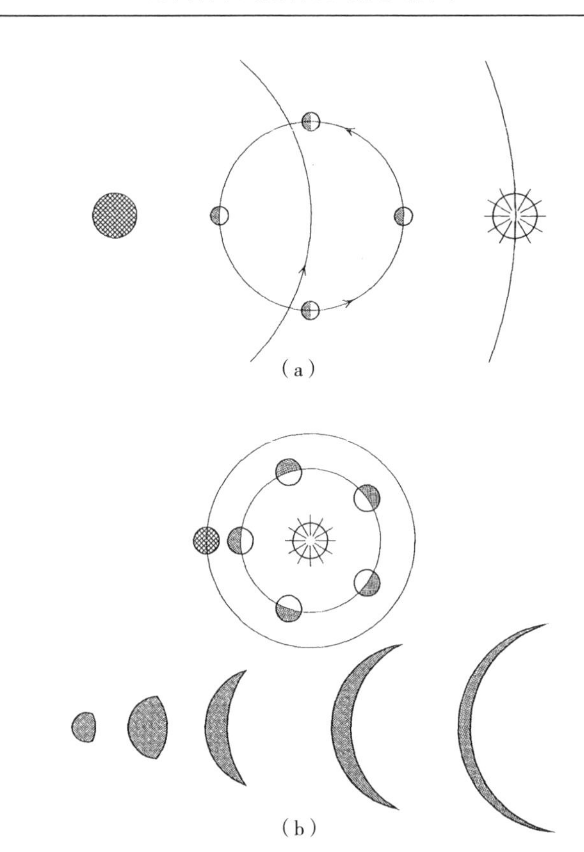

图 1.4 金星的位相。(a)托勒密体系。(b)哥白尼体系。在托勒密体系中,金星必定总是呈新月形,而在哥白尼体系中,金星运行到太阳背后时可以显得近乎完整,其尺寸变化很大。

15 问题的全面的宇宙观。这种重负也许超出了几何简单性的承载能力。

以简单性之名所导致的最大牺牲是常识本身。人们已经多次指出，近代科学要求对常识进行再教育。有什么能比一个地心宇宙更符合常识呢？我们仍然说太阳升起和大地不动。日心宇宙要求在这些事情上把直接的感官证据斥为纯粹的幻觉。接受新天文 16

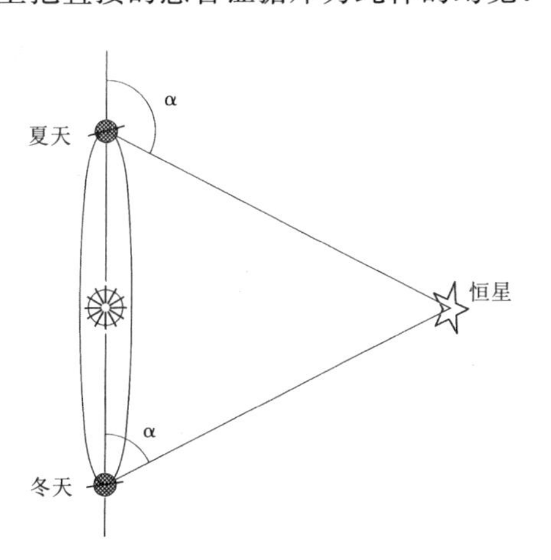

图 1.5　恒星视差。地球轨道从侧面展示出来。对于彼此相距 6 个月的地球位置而言，如果地球真的在绕太阳运行，那么观测一颗恒星的两个角度应当有所不同。

学的主要障碍无疑是常识，它每时每刻都在嘲弄新天文学。此外，常识在流行的运动学说中得到了一种复杂的表达。正如辛普里丘（Simplicius）在伽利略的《关于两大世界体系的对话》中所说："关键是能让地球移动而不致引起太多不便。"这里所说的不便主要与运动有关。根据公认的运动观念，声称地球每天绕轴自转是荒谬的。在日心体系能被普遍接受之前，必须将这些不便解释掉，这样做的人正是借辛普里丘之口说出这句话的人——伽利略。

从一开始，伽利略的事业就集中在运动科学上。16 世纪 90

年代初他最早的重要工作就是《论运动》(*De motu*)[①]，与开普勒的第一部著作大约同时期。《论运动》表明，伽利略在其职业生涯之初是力学的冲力学派的支持者。冲力概念是在中世纪晚期发展出来的，以解决亚里士多德力学碰到的最突出的问题。亚里士多德的力学基于这样一条原理，即任何运动都需要原因，一个物体当且仅当被某种东西推动时才会运动。对于常识来说，这条原理就像地球固定不动一样自明。考虑牛拉车或桨划船的运动(如果不是考察得太过仔细的话)，该原理似乎再明显不过。但希腊人还掷铁饼，像铁饼这类抛射体便引起了麻烦。是什么使一个抛射体在脱离抛射者之后还能继续运动？亚里士多德把原因归于抛射体周围的介质。而冲力概念则把持续运动的原因——运动本性所要求的必不可少的原因——从介质转移到了抛射体。物体在被发动时获得了一个冲力，物体与抛射者分离之后，该冲力继续推动物体前进。从14世纪到16世纪，冲力概念一直处于力学思想的创造性前沿，难怪伽利略年轻时会认同它。他将阿基米德的影响融入冲力概念，找到了一种用流体静力学来解释冲力的方法，并试图用这种方法来构造一种精确的定量动力学来补充阿基米德的静力学。17 虽然十年后伽利略否定了冲力概念，但《论运动》为他的科学工作定下了基调。在其整个职业生涯中，伽利略一直在追求定量力学科学的理想，正是在他所奠定的基础上，科学革命建立了自己最引以为豪的成就——力学。

事实证明，《论运动》的力学无法解决伽利略致力于解决的基

① *On Motion.*

本问题，此时他便放弃了这种力学。这个问题就是，我们周围的运动现象与地球每天绕轴自转之间明显是矛盾的。假设从塔上丢下一个球。根据哥白尼体系，这座塔正以巨大的速度自西向东运动。当驱使球体随塔一起运动的手力停止作用时，球开始下落，其东向运动应当停止；当它以自然运动落到地面上时，似乎应当落在塔的西边。当然，我们都知道它事实上会平行于塔侧直线下落，因此地球不可能绕轴自转。虽然辛普里丘在伽利略的《关于两大世界体系的对话》中坚称的运动地球所带来的麻烦可以表现在许多方面，但竖直下落问题堪称所有这些麻烦的一个缩影。要知道，这种反驳并不荒谬。根据亚里士多德的运动概念，也就是说，根据人人都接受的力学系统，认为地球在运动是荒谬的。要想回应这种反驳，就需要创建一个新的力学体系。

简单地说，对哥白尼天文学所引出问题的解答是惯性概念，它也是新力学的基础。运动物体持续作匀速运动，直到有外部作用改变它为止。在回应下落球体的问题时，伽利略说："随地球一起运动是这个作为地界物体的球体必然会参与的原生的永恒运动，永恒地参与这种运动乃是凭借其本性。"由于没有什么原因会阻碍球体自西向东运动，所以它在落向地面的过程中会随塔一起运动。在与辛普里丘进行的一次苏格拉底式的对话中，萨尔维阿蒂（Salviati，伽利略在支持哥白尼体系的名著《关于两大世界体系的对话》[*Dialogo sopra i due massimi sistemi del mondo*[①]，1632年]中的代言人）问如果将一个球置于斜面上会发生什么。它会匀加 18

① *Dialogue Concerning the Two Chief World Systems.*

速地滚下斜面。若想让它滚上斜面，需要给它一个原始的推动，然后它的运动会不断减慢。如果将它置于水平面上，并沿某个方向给它推动呢？辛普里丘同意说，该球体将没有理由加速或减速，而是会沿着表面一直运动下去。“那么，如果这样一个空间是无界的，在它之上的运动也将是无界的也就是永恒的吗？”“看来是这样，”这位被彻底击败的亚里士多德主义者回答说。正如笛卡儿后来对这个问题的总结那样，关于运动，人们一直在问错误的问题。他们一直在问是什么东西使物体运动。而正确的问题是，是什么东西使运动停止。

伽利略并没有使用“惯性”一词。就此而言，无论他使用了什么措辞，他都没有使用我们今天的惯性概念。没有人能够完全摒弃过去，即使像伽利略这样的伟人也是如此，甚至在表述一种新的运动概念时，他也会受到旧宇宙论的束缚。伽利略的宇宙并不是一个由力学定律和运动物质所组成的非人格宇宙，而是一个由无限理智组织起来的宇宙。它本身不可避免是按照圆这种完美的图形来组织的。按照古老的传统，伽利略认为圆周运动而且只有圆周运动才与一个有秩序的宇宙相容。只有在圆上，物体才能永远在其自然位置上运动，与同一点始终保持相同的距离，只有在圆周运动中，宇宙中的物体才能永远保持其原初的关系。直线运动意味着无序，从自然位置移出的物体会沿直线返回这个位置。一旦回到那里，它就会继续作自然圆周运动。

因此，任何专业天文学家都不可能接受《对话》中的天文学。《对话》旨在支持日心体系，其出版时间比开普勒的《新天文学》晚二十多年，它忽视了开普勒的结论，也忽视了本轮对于前人理论的技术必要性。在它对哥白尼体系的讨论中，仿佛每颗行星都在沿一个简单的圆周轨道运转。伽利略与开普勒的关系充满了讽刺意味。开普勒以力学方式来处理太阳系，试图理解支配其运动的物理的力，但他所使用的力学体系却建基于被伽利略推翻的原理。而伽利略阐述了新力学的基本概念，却忽视了开普勒天界力学所致力于解决的问题，认为行星沿着圆周轨道自然地运转。

19 伽利略在面对旋转地球上的运动问题时，也是以类似的方式来思考的，他所提出的惯性概念反映了他对这个问题的表达方式。正如我们已经看到的，萨尔维阿蒂引导辛普利丘同意，沿水平面滚动的球体没有任何理由加速或减速，因此应当永远运动下去。但什么是水平面？当然是一个处处都“与中心距离相等”的平面。惯性运动被认为是匀速圆周运动，即在一个秩序井然的宇宙中处于自然位置的物体的自然运动。

惯性原理背后有一个全新的运动概念。在亚里士多德看来，运动是一个涉及物体本质的过程，该过程使物体的存在得到增强和实现。对亚里士多德来说，位置运动（local motion）——即我们现在所理解的“运动”——仅仅是一个旨在包含所有变化的宽泛得多的概念的特例而已。和重物的竖直下落一样，年轻人的教育或植物的生长也是运动；要说有什么区别的话，它们更能体现亚里士多德所想到的运动过程。正如种子通过长成植物而充分实现其潜能，重物也通过移向其自然位置而实现其本性。伽利略运动概念的核心在于将运动与物体的本性分离开来。物体中没有任何东西会受到其（匀速的、水平的）运动的影响。运动只是物体所处的一种状态。正如伽利略反复强调的，物体不受其运动或静止状态的影响。事实上，静止与运动根本没有区别，静止只是“无限程度的慢”罢了。伽利略在解决哥白尼宇宙中的运动问题时，“不受影响”(indifference)这一观念至关重要。正因为不受运动的影响，我们才能以巨大的速度运动而浑然不觉——在认为运动表达了物体本性的亚里士多德语境下，这一断言是荒谬的。

> 试想[伽利略指出]，运动就其存在着并作为运动在起作用而言，只相对于缺乏这种运动的物体才存在；在所有具有相等运动的物体中间，运动并不起作用，仿佛不存在似的。比如一艘船满载货物离开威尼斯，途经科孚、克里特、塞浦路斯，前往阿勒颇，情况就是如此。威尼斯、科孚、克里特等地始终不动，并不跟着船走，但船上装的一袋袋、一箱箱、一捆捆货物，相对于船本身而言，从威尼斯到叙利亚的运动就好像不存在似的，而且丝毫不改变它们之间的关系。之所以如此，是因为这种运动是它们所共有的，而且全都具有相等的运动。如果从全船货物中把一个袋子从一只箱子移开一寸，那么这种移动对这袋货物来说要比全船货物共同走过的两千里行程更是运动。

20

这样理解的运动和静止一样都不需要原因。只有运动的变化才需要原因。

由于不受运动影响，物体可以同时参与多个运动。其中任何一个运动都不会妨碍其他运动，它们能够毫无困难地复合成一条复杂的轨迹。伽利略最伟大的成就之一是证明了：抛射物的水平运动与朝着地面的匀加速下落相复合，其结果是，物体走的是一条抛物线路径。即使是像炮弹发射这样的受迫运动，物体也不会受到影响。对地球运动做出的最缜密的反驳恰恰基于这样一个理由，即物体不可能不受这种运动的影响。第谷·布拉赫认为，炮弹发射这种极端的受迫运动必然会阻碍据说属于炮弹的自然运动，直到受迫运动被耗尽，自然运动才能开始发挥影响。因此在半空中的炮弹下方，地球必然会旋转，向西发射的炮弹应该比向东发射的炮弹落得更远。根据一种悠久的传统，第谷暗示说，炮弹的轨迹是直线，直到炮弹的受迫运动完全耗尽或几乎耗尽。而伽利略则断言，从炮弹离开炮口的那一刻起，弹道就是曲线。即使自然运动的观念在伽利略的思想中仍然占有一席之地，早先对自然运动与受迫运动的区分也已经失去了意义。所有运动作为运动都是一样的。同样的道理既可以解释为什么球体会落在旋转地面上的塔基处，也可以解释为什么它会落在移动船只的桅杆底部。物体不受运动或一切运动的影响。

伽利略的惯性概念以及进一步断言惯性运动是直线的，成为整个现代物理学体系的基石。在教育过程中，它被灌输给我们所有人，以致我们会认为它是自然而然和不言而喻的。我们甚至无法客观地审视它，更不用说去设想在一个倾向于认为它明显荒谬而非不言而喻的世界上，最初提出这种观念需要面临多少困难。惯性原理难道不是仅仅表达了观察到的运动事实吗？这种看法体现了我们的一种信念，即现代科学建立在经验事实的牢固基础之上，当人们从中世纪经院哲学的空洞诡辩转向对自然的直接观察时，现代科学便诞生了。可惜伽利略很难符合这种刻画，惯性概念

21

就更是如此。在整个《对话》中，伽利略用来阐述亚里士多德观点的代言人辛普里丘一直强调观察是神圣而不可侵犯的，而伽利略的代言人萨尔维阿蒂则一直在否认感官的断言，主张理性有更高的权利。

> 我也不能完全认同那些聪敏而杰出的人把这种观点[哥白尼的学说]当成真的来接受；他们单凭理智的力量而违背自己的感官，宁愿相信理性告诉他们的东西，而不顾感觉经验所提供的明显的相反证据。

在伽利略指导人们如何去解释感觉经验之前，感觉经验显示给人们的最重要的东西就是，力是维持物体运动所必需的。的确，惯性运动的经验在哪里？哪里也没有。事实上，惯性运动是一个无法实现的理想概念。如果从经验出发，我们就更有可能得到亚里士多德的力学，因为它对经验作了非常缜密的分析。而伽利略则是从经验永远无法知晓的理想条件开始分析的。“假设有一个由钢一样的坚硬材料制成的光滑如镜的平面，将一个由青铜一样的坚硬而沉重的材料所制成的完美球体置于其上。”即使是完美的球体在光滑如镜的平面上也不足以完全说清楚他的意思，在他的一份手稿中，他建议用一个无形的平面。也就是说，伽利略的实验主要是在我们今天在初等力学中看到的无摩擦平面上进行的。它们是些思想实验，是在他的想象中完成的，也只有在想象中才是可能的。萨尔维阿蒂对辛普里丘说，设想一下，“如果不用真实的眼睛，而是用心灵的眼睛”会看到什么。正如一位现代历史学家所说，伽利略抓住了问题的另一端。亚里士多德从经验开始，伽利略则是从理想化的情形开始，而实际之物只是这种理想化情形的不完美体现罢了。定义了理想情形之后，他才能理解摩擦力等物质条件所带来的局限性。从这种观点来看，经验事实有了新的含义，许多情形，比如对亚里士多德来说是反常的抛射体运动，对伽利略来说就立刻变得可以理解了。由此解决的问题之一便是物体在运动地球上的运动。

22

正是在这一点上，伽利略与激励了哥白尼和开普勒的柏拉图主义有了联系。对伽利略来说，真实的世界是那个抽象数学关系的理想世界，而物质世界则是对这个作为蓝本的理想世界的不完美实现。要想恰当地理解物质世界，就必须从理想世界这个有利角度在想象中去看待它。只有在理想世界中，完美的圆球才能在完全光滑的平面上永远滚动下去。而在物质世界中，平面从来也不是完全光滑的，球体也从来不是完美的球形，滚动的球体最终会停下来。

伽利略说，大自然是用密码写成的，破解密码的钥匙是数学。开普勒也可以这么说，他和伽利略都接受了一种基于几何简单性原理的天文学。但在伽利略那里，自然的几何化有了新的变化。对于开普勒乃至他之前的整个天文学传统来说，只有完美而永恒的天界运动才能作几何分析。而伽利略却提出，几何学也适用于地界运动。他声称地球在哥白尼体系中成为一个天体，其终极意义就在于此。如果说伽利略的力学工作所致力于解决的基本问题是由哥白尼革命提出来的，那么伽利略在回答这个问题时所提出的惯性原理则为发展出一种数学的运动科学提供了手段，这正是他年轻时的作品《论运动》所尝试做的。他对这一成就的重视反映在其相关著作的标题中——《关于两门新科学的谈话》(*Discourses on Two New Sciences*, 1638)。[①]

这两门新科学之一是动力学，它仅限于探讨重物的匀加速下落。虽然伽利略拒绝讨论是什么引起了重物下落，而只是满足于对其运动的描述，但他以动力学方式处理了自由落体，相信均匀的原因会产生均匀的结果。若把《关于两门新科学的谈话》和《论运动》作一比较，我们就会看到，伽利略的进展似乎在于认识到了动力学作用的区别性特征。《论运动》曾试图把动力学等同于流体静力学，而《关于两门新科学的谈话》则意识到，动力学必须依靠它自身的原理。

23

> 当我看到一块从静止开始从某个高度下落的石头不断获得新的速度增量时，为什么我不该相信这些增加是以最简单和最容易的方式进行的呢？落体不变，运动本原也不变。为什么其他因素不应保持不变呢？你会说：因此速度是均匀的。[《论运动》的立场。]根本不是！事实证明，速度并非恒定，运动是不均匀的。因此同一性，或者如果你喜欢可以说均匀性和简单性，不在于速度，而在于速度的增量，也就是说在于加速度。

显然，新的运动概念为对重新理解自由落体指明了方向。《论

① 其原来的意大利文标题为：*Discorsi intorno à due nuove scienze*。

运动》通过流体静力学已经表达了以下亚里士多德原理，即运动本身是一种需要原因的结果。当运动被看成一种若非被改变就会一直保持下去的状态时，我们就可以认识到一种新的结果。在上面这段话中，伽利略明确指出“运动本原”（即这里的重量）的动力学结果是加速度；由于运动本原保持不变，加速度也保持不变。他进一步推论说，由比较致密的相同物质所组成的所有物体都会以相同的加速度下落。

对下落的分析为现代动力学的基本方程提供了原型。但伽利略本人从未把重量看成被我们称为力的更广泛类别的一个例子。在伽利略看来，重量或重性是物体的一种独特性质，他总是把重物朝地心运动的倾向称为其自然运动。不把重力看成对物质的外部作用力的并非只有伽利略一人，直到科学家们在这个世纪末学会了这样做，他所种的庄稼才能完全收获。

与此同时，伽利略的确成功地建立了一门数学的运动科学的基础。他定义了匀速运动和匀加速运动，并用数学方式描述了这两种运动。由于几何学在他看来代表着科学的典范，因此他把他的结论表示成几何比例而不是代数方程；但这些比例等价于今天力学初学者所学的将速度、加速度、时间和距离联系在一起的基本运动方程。

$$v = at$$

$$s = {}^{1}/_{2}\, at^{2}$$

$$v^{2} = 2as$$

他也证明物体在所有相等的竖直位移中都经历了相同的加速。如果一个物体从静止自由落下，另一个物体也从静止开始运动，不过 24

是沿斜面下降相等的竖直距离（当然，这意味着它沿斜面的路径必须更长，运动时间也更长），那么它们将获得相等的速度。

最后这个结论在伽利略的宇宙图像中扮演着重要角色，它把我们重新带回到为他提供宇宙论的哥白尼体系。维持有序宇宙整体性的圆周运动等同于重物围绕引力中心的惯性运动。只要重物既不接近中心也不远离中心，就没有原因改变它们的速度。然而，惯性运动只能维持速度，而不能产生速度。只有朝着引力中心运动，重物的速度才能增加，远离中心则使运动遭到破坏。在这两种情况下，相等的速度增量对应于相等的径向位移。对伽利略来说，重力加速度对于与中心的所有距离来说都是常数，一如重量是所有物体的恒定属性，无论其原因有多么未知。

开普勒和伽利略确证和完成了哥白尼革命。1642 年伽利略去世时，甚至在天文学家当中也可能只有少数人接受了日心体系。然而，开普勒和伽利略的工作揭示了它的全部优点，回答了对它的主要反驳。对日心体系的普遍接受仅仅是时间问题。然而，开普勒和伽利略的重要性与其说在于他们与哥白尼和过去的关系，不如说在于他们与随后 17 世纪的关系。在解决过去的问题时，他们又提出了未来的问题，开普勒提出的是天界动力学的问题，伽利略则提出了地界力学的问题。在完成他们所开创的工作的过程中，17 世纪科学实现了它最伟大的成就。

第二章　机械论哲学

25

17世纪初，工作具有持久重要意义的科学家并非只有开普勒和伽利略。就在1600年，英格兰医生威廉·吉尔伯特（William Gilbert，1544—1603）出版了一本名为《论磁》（*De magnete*）的书，这是一部重要性稍逊的科学革命经典著作。吉尔伯特被公认为现代磁学的奠基人。这本书在阐释当时流行的自然哲学方面很有启发性。

《论磁》以其坦率的实验（虽不能说是经验）方法与伽利略的工作形成了鲜明的对照。伽利略主要把实验当成了说服别人的手段，至于他自己，则准备不做实验就自信地宣布其结论。而吉尔伯特则致力于通过经验研究来确立磁学的基本事实。从他提到并付诸检验的那些故事中，我们可以领略到当时的人对于磁石的特殊敬畏；磁石正是宇宙中被认为充满的那些隐秘和神秘力量的缩影。这些故事中充斥着像磁山从大海中拱起，将附近航船的钉子拔掉这样的事情。据说磁石可以防范女巫的力量。将磁石磨成粉末内服，可以用作治疗某些疾病的药物。还有人认为，将磁石放于枕下能把奸妇从床上赶走。（这个故事显然起源于男性，对奸夫们的明显豁免不只是运气问题。）吉尔伯特认为自己的任务是从传说中筛选出事实，并通过实验研究来确立磁作用的真相。钻石真能把 26

铁磁化吗？检验了75颗钻石之后，吉尔伯特觉得可以回答——这不是真的。

吉尔伯特并不是第一个研究磁石的人，他声称为真的每一个事实都不是他自己的发现。然而，《论磁》的系统阐述可以说建立起一套基本的磁学事实。在吉尔伯特之前，磁现象经常与静电现象相混淆，而吉尔伯特则清楚明确地将它们区分开来。在大量实验证据的基础上，他表明地球本身是一块巨大的磁石，并坚称吸引只是五种磁现象（或他所谓的磁"运动"）中的一种。另外四种磁现象，即磁方向、磁差（我们说磁偏角）、磁倾角和磁旋转，都与地球的磁场有关，而且在吉尔伯特看来比吸引更重要。

在吉尔伯特的著作中，学习初等物理学的学生所熟知的许多事实都建立在坚实的证据基础上，该书常被誉为现代实验科学的第一个范例。然而，当我们仔细阅读这部著作，不仅试图理解现代科学已经为己所用的东西，而且试图理解吉尔伯特本人的看法时，许多不那么熟悉的内容便浮现出来。这部著作的标题所预示的内容已经超出了20世纪的读者期望在一部磁学著作中看到的东西——《关于磁石、磁性物体和地球大磁石：一种已被许多论据和许多实验所证明的新自然哲学》（*Concerning the Magnet, Magnetic Bodies, and the Great Magnet the Earth: a New Physiology Demonstrated both by Many Arguments and by Many Experiments*）。一种新的自然哲学——吉尔伯特不是把磁性看成自然所显示的众多现象中的一种，而是看成理解整个自然的关键。他所理解的整个自然同他认真检验的传说中的磁石力量一样隐秘和神秘。

在吉尔伯特的哲学中，电吸引是一种由无形的流出物（effluvia）所引起的物质作用，而磁吸引则是一种非物质的力量。物体无法阻挡磁吸引，磁石可以通过玻璃、木头或纸吸引铁。即使铁能使物体不受吸引，那也不是通过阻挡这种力量而是通过转移这种力量来实现的。在他看来，磁石能够激发铁的磁性而它自身的潜力却没有任何损失，这一点尤其有启发性。铁（或磁石，因为在他看来两者其实是相同的）是真正的地球物质。磁性是它的固有属性，是一种很难失去又很容易重新获得的力量。他利用亚里士多德形而上学的范畴，认为如果电是质料的作用，那么磁则是形式的作用。磁性是原始地球质料中的主动本原。 27

> 磁体是通过形式的效力或者说原始的天然力量来产生吸引作用的。这种形式是独特和奇特的：它是原初的主要星球的形式；它是那些星球均匀不变的各个部分的形式，这种固有的东西和存在，我们可以称之为原始而基本的星体形式；它不是亚里士多德的原初形式，而是维系和组织其自身星球的独特形式。这种形式在太阳、月亮、星星等每一个星球中都是相同的；在地球上它也是相同的，这就是被我们称为原初能量的真正磁力。

正如他在另一个地方所说："真正的地球质料被赋予了一种原始的能量形式。"他还以更具启发性的方式将磁称为地球的灵魂。

"吸引"是把错误的语词用在了磁作用上。正如吉尔伯特所说，吸引暗示着力和强迫；它在严格意义上只适用于电作用。而磁运动则体现了自愿的一致和联合。两极不可避免地暗示了两性，吉尔伯特以更适合王政复辟时代而非宗教改革时代的语言谈到，磁石拥抱铁并且在其中孕育出磁。对吉尔伯特来说，其他一些磁作用似乎比所谓的吸引更重要。磁方向、磁差、磁倾角——这些运动（或旋转）体现了组织宇宙的背后智慧。吉尔伯特把南北视为宇宙中的真正方向，地球的磁性灵魂是为了组织和安排。罗盘是“上帝的手指”，据说失去了磁性的铁会迷失方向、四处漫游。磁针的倾角测量了纬度，也许磁差可以用来测量经度。在吉尔伯特所说的第五种运动即磁旋转中，原因本身被归于地球的磁性灵魂。所谓“旋转”，他指的是地球每日的绕轴自转，他将这种运动归因于磁性，正如他把地球绕太阳运转时地极的稳定方向归因于磁性一样。吉尔伯特宣称，地球被置于太阳附近，地球的灵魂能够感知到太阳的磁场，然后推论说，如果地球不动，那么它的一侧会燃烧，另一侧会冻结，因此它选择绕轴自转。地球甚至选择把轴倾斜一个角度，以引起季节的变化。

事实证明，现代实验科学的第一个范例的确是一本非常奇怪的书，也就是说，对20世纪的读者来说它很奇怪。然而在1600年，它必定为人们所熟知，因为它表达了一种被称为“文艺复兴时期的自然主义”（Renaissance Naturalism）的流行自然哲学。在吉尔伯特和同时代的其他许多人看来，自然的确有着生命的脉动。原始地球物质的磁性对应于万物中存在的主动本原。没有生命和没有知觉的物质是永远找不到的。就像磁体自愿地一致和联合起来一样，使相似者彼此吸引、使相异者彼此拒斥的共感（sympathies）和反感（antipathies）也把所有物体联系起来。事实上，磁吸引是渗透于文艺复兴时期自然主义的万物有灵论宇宙中的隐秘性质的最重要例子。吉尔伯特的经验论本身显示为这种哲学的一个方面。经院亚里士多德主义断言，人的理智能够探究自然的理性秩序，而16世纪的自然哲学则宣称理性无法参透自然的奥秘。只有凭借经验，才能得知有隐秘的力量渗透于宇宙中。正如“共感”和“反感”这两个词所暗示的那样，也正如吉尔伯特的磁性灵魂所清楚地揭示的那样，自然的隐秘力量是以心灵术语来构想的。文艺复兴时期的自然主义是人类心灵在自然之上的投射，自然万物被描绘成各种心灵力量的万千幻景。吉尔伯特的《论磁》较为克制但明确无误地表达了一种业已确立的自然进路。

如果说16世纪是文艺复兴时期自然主义的全盛时期，那么吉尔伯特决不是其最后一位代表。它的影响塑造了17世纪初帕拉塞尔苏斯主义化学家的典型观念，赫尔蒙特（Jean-Baptiste van Helmont，1579—1644）是其最后一位伟人。众所周知，赫尔蒙特认为水是万物所由以形成的物质。在一个著名的实验中，他在精心称量的泥土里种了一棵小柳树，并且定期为它浇水。柳树长得很大之后，将它从泥土里挖出来再次称量。泥土的量几乎没有减少，因此柳树所有增加的重量必定都来自于水，水被转化为坚固的木材。在赫尔蒙特看来，柳树实验非常符合一种生机论的（vitalistic）自然哲学。水是质料，代表雌性本原，需要雄性的种子本原或生命本原为它受精和赋予生命。他说，自然界中任何东西都是“通过得到水而受孕”所产生的，这并不限于我们今天所说的有机物。当然，种子本原或生命本原构成了每一个存在物的最终本质，是每一个存在物是其所是和行为的来源。赫尔蒙特把它比

29 喻成工匠大师，不是一个死的形象，而是一个“充分了解”自己必须做什么并且有能力实现自己的形象。生命本原“现在给自己裹上了一件身体外衣”，在使质料成形的过程中，它创造了身体并为其赋予生命。

对赫尔蒙特和吉尔伯特来说，磁吸引非但显得不反常，反而代表着一个有生命的世界中的典型作用。赫尔蒙特说，“磁及其影响效力深植于万物之中并且为万物所固有”。所有事物都具有某种知觉，借此来感知那些与之相似和相异的物体——他所谓的共感和反感。赫尔蒙特最喜欢的主题之一是共感药膏（sympathetic unguent），把它涂抹在武器而不是伤口上，可以治愈伤口。类似的原则解释了为什么当凶手走近被谋杀者时，后者会流血，这是因为血液中的精神感知到有不共戴天的敌人在场时会怒不可遏，血便会流动。赫尔蒙特认为自己的学说断言了精神的首要性，对唯物论构成了明显反驳。在亚里士多德主义哲学中，赫尔蒙特所谓的物质的“淫荡欲望”（whorish appetite）被认为在自然之中扮演着主动角色。恰恰相反，赫尔蒙特断言，物质世界“在所有方面都受到非物质的无形之物的支配和束缚”。

人如何能了解构成了自然实在的生命本原呢？当然不是通过理性的推理能力，因为它总是会窜改和扭曲。赫尔蒙特宣称：“逻辑是无益的”，“19种三段论带不来知识”。能够认识事物真相的唯有理解力，而不是浮于表面的理性。理智必须探入深处；理解力必须转变为“可理解之物的形式；事实上在这一刻，理解力（仿佛）成了可理解之物本身”。事物“仿佛同我们作着无言的交谈，理解力透入封闭的事物，仿佛将它们剖开和揭露出来”。只有理解力凭借着对真理的一种直觉才能认识事物本身，并且在认识事物的时候认识它们的运作。

在文艺复兴时期自然主义的传统中，我们明显看到了一种与我们完全不同的科学知识理想。这是科学家－魔法师浮士德的理想，他的知识是关于自然的隐秘力量的。

> 为什么我们如此害怕'魔法'这个名字？[赫尔蒙特问。] 30 因为一切作用都是魔法的；事实上事物的任何作用力量都是从其形式的幻像(Phantasie)中魔法地产生的。但由于这种幻像在没有选择的物体中只有有限的同一性或相同性，因此结果一直被无知和朴素地归因于一种自然属性，而不是归因于该事物的幻像；事实上，由于对原因一无所知，它们实际上用结果取代了原因：每一个动因都通过另一种方式，即通过对该对象的一种预感(fore-feeling)而作用于其固有对象，通过这种预感，该动因将其作用有选择地仅仅分散于这个对象之上；也就是说，在感觉到对象之后，该幻像通过分散一种理想之物而被激发，并将这种理想之物与被动之物的射线相结合。实际上，这一直是自然物的魔法作用。大自然的确在各个方面都是一个魔法师。

对此，笛卡儿作了以下回应：

> 较之与我们同一层次或低于我们的事物，我们自然要更钦佩那些高于我们的事物。虽然云很少高于山峰，但由于我

> 们必须把目光投向天空去看云,我们想象云是如此之高,以至于诗人和画家们把云视为上帝的宝座。所有这些都使我希望,如果我在本书中将云的本性解释得足够好,就不再可能去钦佩我们从中看到或从它那里而来的任何东西,人们将很容易认为,地球之上任何令人钦佩的事物的原因都能以同样的方式去发现。

在17世纪,笛卡儿是占统治地位的自然哲学学派的代言人,而赫尔蒙特的声音则是一个衰落传统的最后回响。文艺复兴时期的自然主义最终基于这样一种信念:自然是一个神秘的东西,人的理性永远无法参透它的奥秘。另一方面,笛卡儿呼吁通过理解力来消除惊奇,则表达了一种自信的信念,即自然之中没有不可参透的奥秘,自然对理性来说是完全透明的。在此基础上,17世纪构建了自己的自然观——机械论哲学。

创建机械论哲学并非一个人的事业。在17世纪上半叶的整个西欧科学界,我们可以看到一种反对文艺复兴时期的自然主义、朝着机械论自然观发展的自发运动。它在伽利略和开普勒的著作中得到暗示,在梅森(Mersenne)、伽桑狄(Gassendi)和霍布斯(Hobbes)以及许多不太知名的哲学家的著作中得到全面阐述。但对于机械论自然哲学而言,笛卡儿(1596—1650)的影响超过了所有其他人,不过,其陈述却被赋予了机械论哲学所急需的一种哲学严格性,这是其他地方所没有的。

31

在其著名的二元论中,笛卡儿用形而上学的理由反驳了文艺复兴时期的自然主义。他指出,整个实在是由两种实体组成的。

我们所谓的精神是一种以思想活动为典型特征的实体，而物质领域则是一种本质为广延的实体。“思想着的东西”（*res cogitans*）和“有广延的东西”（*res extensa*），笛卡儿所作的定义将它们截然区分和分离开来。我们不能把物质所特有的任何属性——如广延、位置、运动——归于思想实体。思想包含着精神活动所具有的种种样式，思想，而且只有思想，才是思想实体的属性。从自然科学的观点来看，这种二分更重要的结果是，它将所有精神特性全都严格地逐出了物质世界。吉尔伯特所说的世界的磁性灵魂在笛卡儿的物理世界中是不可能有位置的。赫尔蒙特所说的主动本原在笛卡儿的物理世界中也没有位置——笛卡儿选择被动分词 *extensa*，与用来刻画精神领域的主动分词 *cogitans* 相对照，就是为了强调物理自然是惰性的，自身缺乏主动性的来源。在文艺复兴时期的自然主义中，心灵与物质、精神与身体都不被视为分离的东西；任何物体中的最终实在都是其主动本原，它至少在一定程度上具有心灵或精神的特性。亚里士多德学说中的“形式”本原在一种更精妙的自然哲学中扮演了类似的角色。而笛卡儿的二元论则以外科手术的精确性将一切精神痕迹从物质自然中切除，使之成为一个没有生命领域，在这个领域中，只有惰性的物质大块的野蛮撞击。这种自然观惊人地单调乏味——但却是为现代科学的目的而绝妙设计的。只有少数人延续了笛卡儿形而上学那种完全的严格性，但 17 世纪下半叶几乎每一位重要的科学家都毫无异议地接受了物体与精神的二元论。现代科学的物理自然已经诞生。

笛卡儿很清楚自己对于业已接受的哲学传统的革命性作用。32

在《方法谈》(*Discours de la Méthode*, 1637)[①]中，针对教育向他灌输的这种传统，他描述了自己的反应。起初他满怀希望地以为，自己最终会拥有知识。可惜这种教育给他留下的不是知识，而是彻底的怀疑。他渐渐意识到，两千年来的研究和争论没有解决什么问题。在哲学中，“我们能够想象得出来的任何一种事物，无论多么离奇古怪，多么难以置信，全都有某个哲学家支持过”。笛卡儿径直决定把过去的东西从心灵中清除干净。通过一个系统怀疑的过程，他严格考察每一种观念，拒斥一切有丝毫可疑之处的东西，直到获得一个不可能怀疑的命题为止(如果存在这种命题的话)。将这样一个命题作为确定性的基石，他可以仅仅基于理性从根基处重新建立起一座如同其根基一样确定的知识大厦。从后见之明的角度我们可以看到，他对过去的摒弃远远没有他以为得那么彻底。然而，他的机械论自然哲学完全背离了以文艺复兴时期的自然主义为代表的流行观念，也完全背离了亚里士多德主义；就其感到一切都需要重新开始而言，他成为整个 17 世纪科学的代言人。

众所周知，笛卡儿在“我思故我在”(*cogito ergo sum*)这个命题中找到了确定性的基石，认为这个命题是无可怀疑的。“我思”(*cogito*)成为新的知识大厦的基础。由此，笛卡儿推论出上帝的存在，然后推论出物理世界的存在。在怀疑过程中，外在世界的存在性是最先要悬置的事物之一；其存在似乎依赖于感官证据，而感官明显容易犯错，这使外在世界的存在性遭到了怀疑。从这种新

① *Discourse on Method.*

的确定性基础出发,他现在觉得能够证明,他身外的物理世界确实存在着,这同样是一个毫无疑问的结论。但他给这一结论加上了一个条件,这也许是17世纪的科学革命工作中最重要的陈述。虽然物理世界的存在性可以通过必然的论证来证明,但它并不必然与感官所描述的世界有任何相似之处。业已从物理世界中清除的共感、反感和隐秘力量等一大堆东西,现在又加进了亚里士多德哲学所说的真实性质。亚里士多德说,由于物体的表面有红性,所以物体看起来是红的;因为由于含有热性,所以它显得很热。性质有真实的存在性,是存在的范畴之一;我们可以通过感官来直接感知实在。而笛卡儿却反驳说,并非如此。想象红性或热性存在于物体之中,是把我们的感觉投射到物理世界之上,就像文艺复兴时期的自然主义将心灵过程投射到物理世界之上一样。事实上,物体仅由运动中的物质微粒所组成,它们所有看起来的性质(只有广延除外)仅仅是运动物体撞击神经所激发出来的感觉罢了。我们所熟知的感觉经验世界原来就像文艺复兴时期自然主义的隐秘力量那样,只不过是一种幻觉。世界是一台由惰性物体所组成、由物理必然性所驱动的机器,与思想着的东西是否存在无关。这就是机械论自然哲学的基本命题。 33

在《屈光学》(*La dioptrique*,1637)和《气象学》(*Les météore*,1637)以及《哲学原理》(*Principia philosophiae*,1644)[①]中,笛卡儿阐述了其机械论哲学的细节。它的基石之一是惯性原理。机械论哲学坚持认为,所有自然现象都是由运动中的物质微粒所产生

① *Dioptrics*, *Meteorology*, *Principles of Philosophy*.

的——它们必定是这样产生的，因为物理实在只包含运动中的物质微粒。是什么引起了运动？由于物质根据定义就是被有意清除了主动本原的惰性之物，所以物质显然不可能是其自身运动的原因。在17世纪，人人都同意运动源于上帝。起初，上帝创造并发动了物质。是什么东西使物质保持运动呢？机械论自然观拒斥主动本原，这意味着它作为自然哲学的可行性依赖于惯性原理。维持物质的运动不需要什么东西；运动是一种状态，和物质所处的任何其他状态一样，只要没有外部作用去改变它，运动就会继续下去。碰撞能使运动从一个物体转移到另一个物体，但运动本身始终不灭。

笛卡儿试图通过运动总量的守恒来分析碰撞，这条原理接近于17世纪后来提出的动量守恒定律。由于他认为单纯的方向改变（而速率没有任何变化）不会使另一个物体的状态发生变化，所以他得出的结论与我们接受的结论非常不同。但笛卡儿对碰撞的分析是后来产生更丰硕成果的努力的出发点。与此同时，他的碰撞规则为所有动力学作用提供了模型；在一个被剥夺了主动本原的机械宇宙中，物体只能通过碰撞来发生相互作用。

34

笛卡儿和伽桑狄既构建了两种主要的机械论自然体系，又对惯性概念的表述做出了重要贡献，这绝非偶然。在伽利略那里，惯性是通过对应于地球周日绕轴自转的圆周运动来表述的。而笛卡儿和伽桑狄则第一次坚持认为，惯性运动必须是直线运动，沿着圆或曲线运动的物体必定受到了某个外部原因的约束。笛卡儿宣称，这样的物体总是具有一种倾向，要远离它们所围绕的中心。虽然他并未试图对这种倾向做出定量表达，但他表明，这种远离中心的倾向的存在是对圆周运动的力学要素进行分析的第一步。

虽然圆周运动对于笛卡儿来说不再是完美的运动,但它在笛卡儿的自然哲学中仍然起一种核心作用。它虽不是自然的,但却是必然的。笛卡儿的宇宙中充满了物质。将物质等同于广延意味着,根据定义,任何有广延的空间必定充满着物质——或者更好地说,必定是物质。真空不可能存在。既然没有空的空间可供物体移入,那么如何可能有任何运动?笛卡儿说,运动之所以可能,是因为每一个运动物体都移入了它仿佛同时腾出的空间。换言之,在充满物质的宇宙中,每一个运动微粒都必须参与运动物质的一个闭合回路,就像一个绕轴转动的轮子边缘一样。因此,所有运动都必定是圆周运动——当然在这种语境下,“圆”指的是某种形状的闭合轨道,而不是欧几里得几何学所说的完美的圆。圆周运动虽然必需,但并非自然,所以它会在充满物质的宇宙中产生离心压力。笛卡儿将主要自然现象都归因于这样的压力。

将运动引入我们这个充满物质的无限宇宙的第一个结果就是确立了无限数量的涡旋。笛卡儿将我们太阳系所处的涡旋描绘成一个异常巨大的物质漩涡,与之相比,土星轨道仅仅是一个点。大多数涡旋都由微小的球体所充满,这些小球通过彼此不断碰撞而变成被他称为“第二元素”的完美球体。而“第一元素”,即17世纪常说的“以太”,则是由极为精细的微粒组成的,它们充满了第二元素球体之间的空间以及所有其他孔隙。笛卡儿的宇宙中还有第三种物质,它们是一些更大的微粒,聚集成被我们称为行星的巨大物体。随着整个涡旋绕轴转动,其中每一个微粒都在努力远离中心,但在充满物质的宇宙中,一个微粒只有当另一个微粒移向中

35

心时才能远离中心。与任何其他物体一样，每颗行星都倾向于远离中心，但在与中心的某个距离处，它远离中心的倾向恰好被在它之外迅速移动的涡旋物质的倾向所平衡。因此，轨道乃是行星的离心倾向与构成涡旋的其他物质的离心倾向所产生的反压之间动态平衡的结果。

涡旋理论是第一个旨在取代水晶天球的看似合理的体系。当然，开普勒的天界力学比它更早，但开普勒体系所基于的原则是机械论哲学所无法接受的。不用说，笛卡儿的涡旋是可以接受的，半个世纪以来，它主导了关于天界的物理学论述。要想理解 17 世纪的科学思想，重要的是要认识到它自称解释了什么，以及没有自称要解释什么。涡旋为总的天界现象提供了一种机械论解释。它解释了为什么行星都沿同一个方向并且（大致）在同一个平面上围绕太阳运转。通过暗地里引入任意因素，它解释了为什么行星离太阳越远，运动就越慢。此外，它还把这些事物解释成物质运动所产生的必然结果，而不借助于任何隐秘的力量。对于 17 世纪的科学来说，涡旋所提供的机械论解释非常重要，这种理论的吸引力并不难理解。涡旋也有一些东西并未试图处理，那就是构成了专业天文学领域的行星轨道的精确细节。笛卡儿并未提及开普勒的三定律，很难看出他如何能从涡旋中推导出开普勒定律。但开普勒定律所代表的那种数学描述对 17 世纪的科学来说也很重要。集中于物理因果关系的机械论哲学与集中于数学描述的毕达哥拉斯传统在张力中并存。作为 17 世纪的最高科学成就，艾萨克·牛顿的工作就在于解决这种张力。

36

太阳系并非笛卡儿自然哲学的唯一主题，也不是最困难的主题。作为其基本命题，机械论哲学主张所有自然现象都是由运动的惰性物质所产生的。那么光的情况如何呢？任何忽视光的自然哲学都不能自称是完整的，光似乎是所有现象中最不机械的。然而在笛卡儿的体系中，光却是涡旋的一个必然的机械论后果。太阳是太阳系中光的主要来源，太阳也处于涡旋的中心。我们已经看到，圆周运动使离心压力遍布于整个涡旋，光的物理实在性不过是这种压力罢了。光被眼睛的视网膜接收，在视神经中引起了运动，继而产生了被我们称为“光”的感觉。笛卡儿还说，由于压力是一种运动的倾向，所以它遵循着运动定律，可以表明，反射和折射定律都是其必然推论。

重力（即 *gravitas*，地球表面附近物体的重性）在起源上并不比光显得更机械。为了解释重力，笛卡儿假设地球周围有一个小涡旋，它随地球一起转动，并且终止于月亮的高度。笛卡儿再次诉诸圆周运动所固有的离心倾向以及充满物质的必然性。什么是重力？它是离心倾向的一种缺乏，一些物体被离心倾向更大的另一些上升物体强迫着朝中心移动。笛卡儿理论的一个令人遗憾的结果是，物体不应沿着与地球表面垂直的方向下落，而应沿着与轴垂直的方向下落。机械论哲学家们为了揭示各种现象的成因，不得不学会容忍小的出入。

对机械论自然哲学来说，也许最关键的案例是磁现象。较早的时候，磁曾经是一种隐秘力量的缩影。相应地，机械论哲学必须通过发明某种机制而不是借助于隐秘事物来解释磁吸引。笛卡儿尤其别出心裁。他极为详细地描述了涡旋的旋转如何产生了与铁中的螺旋状孔隙相吻合的螺旋状微粒（见图 2.1）。磁吸引是由微

37 粒的运动引起的，这些微粒在穿过磁石和铁的孔隙时，推动两者之间的空气，使它们一起运动。两个磁极又当作何解释呢？很简单，笛卡儿回答说，因为存在着左手螺旋和右手螺旋。

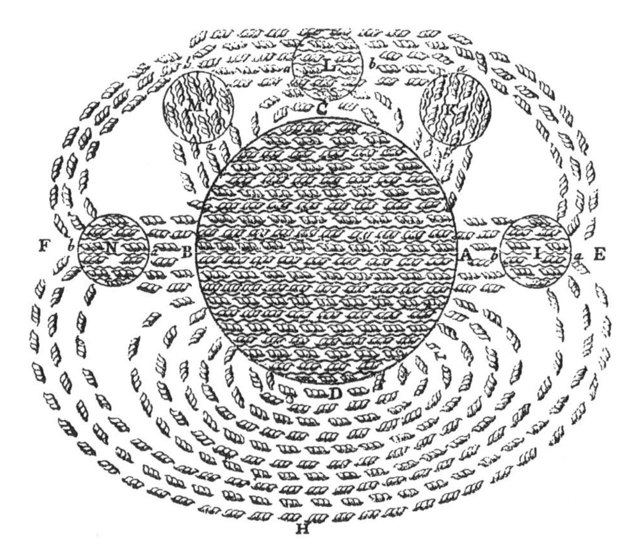

图 2.1　产生磁作用的螺旋状碎块穿过地球以及按照地球磁场排列在不同位置的五个磁石。

这种对磁现象的处理很能说明笛卡儿科学的基本动机。与吉尔伯特相反，笛卡儿并没有对磁现象进行详细研究。他认为现象是给定的，没有必要寻求更多的现象把自己弄糊涂。问题不在于现象，而在于对它们的解释，笛卡儿旨在表明，任何磁现象都能以机械论的方式进行解释。同样，当笛卡儿的《哲学原理》对自然进行详细讨论时，他假定这些现象是已知的。他的科学不是致力于

38 对自然进行认真研究，不是致力于发现新现象，而是致力于对已知

现象做出新的解释。物理世界与我们感官所描述的世界并不必然有任何相似性，它仅仅是由运动中的物质微粒所组成的。笛卡儿的目的是表明，对于所有已知现象都可以设想因果机制。由于机械论哲学本身并未对什么东西是可能的提供标准，有些非常奇怪的现象进入了笛卡儿的宇宙。赫尔蒙特对凶手走近时流血的讨论给我们留下了荒谬的印象；笛卡儿接受了这个事实，并且设想了一种流溢机制来解释它。共感药膏并未出现在他的作品中，但下一代的机械论哲学家凯内尔姆·迪格比（Kenelm Digby）却一本正经地描述了它治愈疾病所凭借的无形机制。

早期的哲学曾以有机论的方式来看待自然。笛卡儿甚至通过把生命现象描绘成机器来扭转局面。在他的宇宙中，人是独一无二的，只有这种生命同时拥有灵魂和身体。但即使在人这里，灵魂也不被视为生命的中心，所有生命功能都是以纯粹机械论的方式来描述的。心脏成了一个茶壶，心脏的热类似于发酵的热（对笛卡儿来说，发酵本身也是一个机械过程），心脏的作用是使在汽化压力的作用下从血管进入心脏的血液沸腾和膨胀。而其他动物缺少理性灵魂，不过是复杂的机器罢了。笛卡儿断言，如果有自动机“拥有猴子或其他没有理性的动物的器官和外表，我们将没有任何办法确定它们与那些动物有本质不同”。

笛卡儿对现象的许多解释都与我们现在认为正确的解释有很大不同，以至于我们常常忍不住嘲笑一番。然而，我们必须设法理解他正在试图做什么，以及他做的事情如何符合了科学革命的工作。其整个自然哲学大厦的基石是断言，物理实在与感觉到的现象没有任何相似之处。正如哥白尼拒斥了关于地球不动的常识观点，伽利略拒斥了对运动的常识看法，笛卡儿现在也对日常经验作了重新解释。他并不打算开展我们今天所熟知的那种科学研究。毋宁说，他的目的是形而上学的——他提出了关于经验背后的实在的一幅新图景。不论我们觉得他的解释有多么疯狂和令人难以置信，我们必须记住，整个现代科学的进程并不是回到早期的自然哲学，而是遵循着他所选择的道路。

39

机械论自然哲学在 17 世纪肯定具有极大的吸引力，但机械论哲学并不仅仅意味着笛卡儿的哲学。在处理自然的其他机械论进路中，至少有一种方案一直是可行的和有吸引力的，那就是伽桑狄的原子论。在文艺复兴时期，随着对古代思想的重新发现，古代的原子论哲学不可避免地重现于西欧。伽利略已经感受到了它的影响，它对自然的机械论处理也许有助于塑造笛卡儿的体系。但支持并把原子论当作一种不同的机械论哲学来详细阐释的乃是笛卡儿的同时代人伽桑狄（1592—1655）。作为思想家，伽桑狄与笛卡儿完全不同。笛卡儿认为自己是一个有体系的哲学家，正在基于他所创造的新的原理来重建哲学传统，而伽桑狄则认为自己是一个学者，正在把传统所能提供的最好的要素拼合在一起。他的主要著作《哲学汇编》（*Syntagma Philosophicum*，1658）[①]是一部无法卒读的著作，它将关于所讨论主题的任何说法都汇编在一起，并希望把可讨论的主题一网打尽。这部著作是放任自流地自生自长的，最终仅作为遗作出版，当时作者已经无法进行添加和修补。总之，伽桑狄是有创见的剪贴拼凑匠，他的书包含着折衷汇编的所有

① *Philosophical Treatise.*

不一致之处。它至少提出了三种不同的运动概念，而没有费力去调和它们。然而对他来说，传统中有一个体系比其他体系更具吸引力，《哲学汇编》无疑是对原子论的阐述。

作为原子论者，伽桑狄在某些具体问题上不同于笛卡儿。笛卡儿认为物质是无限可分的，而伽桑狄则认为存在着不可分的终极单元。“原子”一词便来自表示“不可分”的希腊词。笛卡儿的宇宙是充满物质的，而伽桑狄则主张存在着虚空，即不含任何物质的空间。这两个问题都是重要的哲学问题，但两人之间的分歧远小于他们在更大范围的一致。他们都断言物理自然是由中性的物质组成的，所有自然现象都是由运动的物质微粒所产生的。 40

对于后来的科学来说，更重要的是笛卡儿与伽桑狄的另一个差异，它与自然之中是否充满了物质这个问题逻辑相关。笛卡儿坚持自然之中充满了物质，这是他把物质等同于广延的必然推论，而把物质等同于广延又使几何推理在科学中的运用成为可能。由于几何空间等同于物质，所以可以指望自然科学在证明中能够达到几何学所拥有的那种严格性。事实上，他的方法，即用来指导研究的四条规则，不过是重述了几何学证明的几条原则而已。虽然笛卡儿反对当时流行的传统，但他接受了一种可以追溯到亚里士多德的科学理想。它认为“科学”这个名称不适用于猜测，不适用于可能的解释，而只适用于从必然的原则中严格推导出来的必然论证。即使这样一种确定程度无法在因果解释的细节中获得，也就是说可以设想不止一种令人满意的机制，至少总的原则是毫无疑问的——将物质与精神严格分离，以及必须使用机械论的因果关系。

伽桑狄否认把物质等同于广延，也就否认了笛卡儿科学的纲领。原子是有广延的，但广延并非原子的本质。事实上他确信，对事物本质的认识超出了有限的人的能力。伽桑狄认为某种程度的怀疑是人的一种不可避免的境况。上帝而且只有上帝才能认识最终的本质。因此，从亚里士多德到17世纪，西方传统中占主导地位的哲学学派所秉持并为笛卡儿所重申的科学理想被认为是一种幻觉。然而，彻底的怀疑论并非伽桑狄的结论；他提供了一种对科学的重新定义。对于人的理性来说，自然并非完全透明；人只能外在地认识自然，只把自然作为现象。因此，对人来说唯一可能的科学就是对现象的描述，伽桑狄的逻辑著作最早表述了这种新的科学理想。这种理想在伽利略对自由落体的匀加速运动的描述中已经有所暗示（无论自由下落的原因是什么），而伽桑狄则把这种理想正式表述为他对传统理想的否认的一部分。这并不是一个容易理解的概念，17世纪的机械论哲学家们继续设想造成“自然现象”的微观机制。然而在艾萨克·牛顿那里，我们却找到了伽桑狄的一个追随者，在牛顿的工作中，伽桑狄对科学的定义显示了由此能够产生出什么成果。它在现代实验科学的程序中已经变得如此根深蒂固，以至于我们今天很难理解关于必然证明的笛卡儿的（和亚里士多德的）理想，虽然这种理想对于17世纪之前的人来说是不言自明的。

41

伽桑狄对方法的讨论是一回事，其做法则是另一回事。在他讨论自然哲学细节的大部头著作中，关于将科学局限于对现象的描述的妙语并不能抑制他作为机械论哲学家的专业弱点，即想象一些不可见的机制来解释现象。在许多方面，亚里士多德的定性哲学都以伪装的形式再现在他的作品中，也就是说，假定具有特殊形状的特殊微粒来解释特定的性质。笛卡儿把热与物体部分的运动等同起来，认为冷就是热的缺乏，而伽桑狄则谈到了致热和致冷的微粒。不过，通过坚持微粒并且只允许形状和运动方面的差异，他忠实于机械论自然哲学的基本原理。作为重要的机械论哲学家和下一代的化学家，罗伯特·波义耳（Robert Boyle）将原子论和笛卡儿的学说看成对同一种自然观的两种表达。“机械论哲学”这个名称便源于波义耳。正如他所总结的那样，机械论哲学将所有自然现象都归因于物质和运动这“两种普遍本原”。他还可以补充说，机械论哲学所说的“物质”是指被剥夺了一切主动本原和知觉痕迹的中性原料。无论17世纪的自然观有多么粗糙，从物理自然中严格排除心灵之物仍然是其永恒的遗产。

与此同时，在17世纪，机械论哲学界定了几乎所有创造性科学工作的框架。问题是用它的语言提出来的，回答也是用它的语言给出来的。由于17世纪的思想模式相对粗糙，这些模式所不适用的科学领域更有可能受到其影响的阻碍而非激励。对最终机制的寻求，或者毋宁说对它们的肆意想象，使注意力远离了潜在富有成效的研究，妨碍了不止一项发现被接受。特别是，对机械论解释的要求阻碍了17世纪科学的另一个基本潮流即毕达哥拉斯主义的信念，认为自然可以用精确的数学方式来描述。尽管拒斥一种定性的自然哲学，但原初形式的机械论哲学乃是对自然进行彻底数学化的一个障碍，17世纪科学这两大主题的不相容直到艾萨克·牛顿的工作才得以解决。与此同时，17世纪的几乎所有科学工作都受到了机械论哲学的影响，离开了机械论哲学，大部分工作都无法得到理解。 42

43

第三章　机械论科学

一系列早已为人所知的现象在 17 世纪中叶突然引起了人们的关注，这可以归因于机械论哲学和机械论解释模式的兴起。吸杯，即一种加热后置于痛处之上的玻璃杯，是一种用于吸除感染物质的古老仪器。人们也知道，将一个细颈瓶装满水并倒置过来，水不会从中流出。泵和虹吸管的操作也是类似。不过就这两者而言，却出现了一种令人不安的不相似结果。泵无法把水吸到超过大约 34 英尺，如果高度差超过这个值，虹吸管是无法工作的。然而，在这两种情况下，人们普遍认为是材料的缺陷导致了失败。由于使用的管子是木制的，所以这个结论似乎不无道理。在业已确立的自然哲学中，所有这些现象都被称为大自然对真空的厌恶，这种解释体现了机械论哲学所致力于摧毁的原则。它暗示，大自然能够敏感而主动地觉察到对其连续性的威胁并加以反抗。此外，对于这些现象，替代性的机械论解释是很容易理解的。

1638 年出版的伽利略的《关于两门新科学的谈话》中有一段话有效地引发了争论。在分析梁的裂断强度时，伽利略需要一种关于物体内聚力的理论。人们观察到，虹吸管最高能把水吸到大约 34 英尺的高度，这一事实似乎为建立这种理论提供了基础。特别是，它提供了一个精确的定量因子，即大约 34 英尺高的单位水柱的重量。他将该水柱归因于他所谓的真空吸引；由于主张物体是由被无限小的真空分开的无限小的微粒构成的，他进而由真空的吸引构建了一种内聚力理论。伽利略对内聚力的解释从未取得成功，但《关于两门新科学的谈话》的出版却把它所依据的现象引入了科学讨论的洪流。

44

罗马有一个科学圈子也在思考这个问题。他们建议把虹吸管的一端封闭起来，这样一来，第一支气压计就在17世纪40年代初被制造出来——这是一只水气压计，顶部有一个玻璃泡。水位约为34英尺，透过玻璃可以看到其上表面。水上面是什么呢？似乎看不到任何东西。至少有些观察者认为这个空间是真空，并坚称是大气的重量支撑着相等重量的水柱。检验这种解释有一个明显的方法：海水比淡水重；如果换上海水，则水柱的高度应当有所降低。伽利略年轻仰慕者伊万格利斯塔·托里拆利（Evangelista Torricelli，1608—1647）建议使用一种比水重得多的液体；1644年，他制造了第一只水银气压计。"气压计"的名称暗示这是一种用来测量大气压力的仪器，用它来称呼托里拆利的管子当然是一种误称。他并非在测量大气的压力或重量，而是用被认为恒定的大气来测量封闭在管中的液柱的重量。和科学史上的任何实验一样，用第一支气压计所做的实验也经过了精心计算。如果起作用的是一种简单的力学平衡，一侧是大气，另一侧是封闭的液体，那么若代之以密度为水14倍的水银，则水银柱的高度应为水柱的1/14。当托里拆利管中的水银柱为29英寸时，他已经确证了机械论解释。虽然机械论解释至少需要20年的争论和实验才被普遍接受，但是现在，托里拆利制造的第一只水银气压计似乎已经无可置疑地确证了这一点。

关于气压计的讨论不可避免会涉及真空。反对真空存在的论证由来已久，从亚里士多德的文本中就可以得出。一方面，从运动角度出发的论证说，真空中的阻力是零，因此速度为无穷大；另一方面，从逻辑角度出发的论证则断言，真空即"无物"（希腊语中存在相同的双关），说真空存在是自相矛盾。当然，亚里士多德并不知道气压计，在讨论它时，亚里士多德主义者只好依靠自己的能力。既然必须有某种东西占据这个空间，一派认为必定存在着一个气泡；当管子被竖起时，气泡发生膨胀，或者毋宁说是被拉伸，直到其张力足以支撑水银。另一派则认为，液体上方形成了蒸汽，驱使液体下降：如果没有蒸汽，水银就会完全充满管子。这些解释显然是特设性的（*ad hoc*）。这一事实表明，气压计为机械论哲学提供了天赐良机。这种具有定量因素的简单现象为机械论哲学攻击万物有灵论观念提供了最有利的理由。此外，定量因素使该问题非常适合作实验研究。由于有定量因素，也可以设计出实验来逐一检验那些特设性的亚里士多德主义解释，有关气压计的争论得到解决，为实验研究的力量提供了一个经典范例。

45

布莱斯·帕斯卡（Blaise Pascal，1623—1662）在实验证明方面发挥了最重要的作用。他研究这个问题时还是一个初出茅庐的年轻人，玻璃吹制技术的进步使他可以完成他所设计的实验。他的居住地鲁昂是玻璃制造业的一个重要中心，长达50英尺的玻璃管第一次被制造出来，使帕斯卡得以用水银或水进行实验。如果认为液柱是在蒸汽的驱动下降，否则便会一直停留在管的顶部，那么便可以用水和酒进行实验比较。人们普遍认为，酒是更具挥发性的液体，因此更能产生蒸汽。另一方面，酒比水更轻；如果机械论解释是正确的，那么酒柱应当更高。在鲁昂港，帕斯卡做了一个著名的实验，他在船的桅杆旁竖起两根长管，分别充满了酒和水。他要观众在实验之前对结果做出预测，结果挥发理论的支持者在众目睽睽之下目睹了其理论的破产。

帕斯卡以类似的方式设计了实验，对其他一些亚里士多德主义解释进行定量检验。如果管中果真有一个气泡，并且凭借其张力支撑着液柱，那么就应当能够发现液柱的长度与它上方空间之间的关系。帕斯卡在一根15英尺长的管子中竖起一支水银气压计，另一根管子顶部有一个巨大的玻璃泡（见图3.1）。在这两种情 46

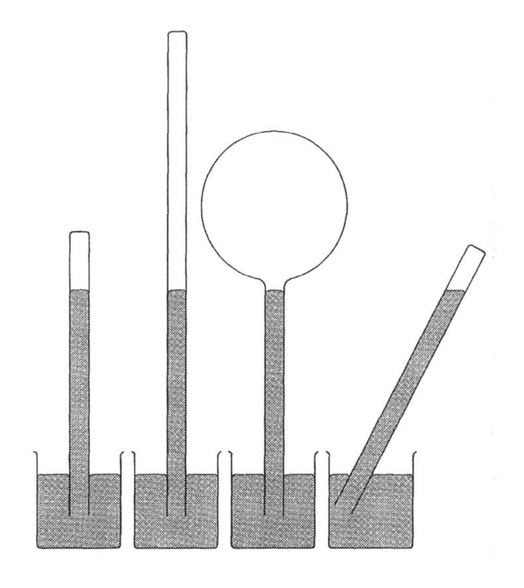

图3.1　真空与水银的比例。无论水银上方的空间有多大，水银柱高度始终保持在29英寸左右。

况下，以及在他所尝试的其他情况下，无论上方空间的大小如何，水银柱的长度都是一个常数。此外，如果他将管子倾斜，水银面的垂直高度将保持不变，当管子顶部下降到 29 英寸以下时，可以使水银上方的空间消失，看不到任何可见的气泡。

47 在讨论托里拆利真空的早期著作中，帕斯卡从这些实验中得出了一个即使不令 20 世纪的读者目瞪口呆也会感到惊讶的结论：自然厌恶真空。然而，第二个结论对第一个结论做出了实质性的修改，即自然对真空的厌恶是有限的，由 29 英寸高的单位水银柱的重量来衡量。如果施加更大的力，就可以创造出真空（或至少是没有可触物质的空间）。这虽然看起来是一种妥协，但它其实要求了比亚里士多德哲学所能承认的更多的东西，因为它承认在某些条件下真空是可能的。帕斯卡的真实观点远远不止于此，但他关心归纳结论在多大程度上是有效的。他做实验的时候空气泵还没有发明，他无法改变被他视为平衡的一侧的重量，因此另一侧的重量保持不变。在可以改变重量之前，他认为证据只能有效地支持这样一个结论，即自然对真空的厌恶是有限的，由单位液柱的重量来衡量。

最后，帕斯卡想到了一种改变重量以证明他完全相信的结论的方法。虽然无法改变大气，但他可以改变气压计在大气中的高度。他的内弟住在法国中部的多姆山（Puy de Dôme）附近。帕斯卡请他做这个实验。他把一支气压计留在山脚下作为基准，把另一支气压计带到山顶。当然，结果是山顶上的气压计的高度下降了。

多姆山上的实验是整个科学史上最著名的实验之一。通过对条件做出认真界定，帕斯卡设计了一个实验，对所讨论的问题进行直接检验，结果支持了他的结论：在气压计中有一种简单平衡在起作用，即大气的重量与液柱的重量达成了平衡。有一个不那么出名但设计同样出色的实验，帕斯卡称之为真空中的真空。吹制一根玻璃管，将其弯曲成两根首尾相连的竖直管子，每根管子的长度都超过了 29 英寸，两者之间是一个大玻璃泡，可以储存水银（见图 3.2）。将整个仪器灌满水银并竖立在水银槽中，此时较低的管子就如同一支普通的气压计。然而，并无大气作用在中央玻璃泡内的水银表面上，上管中的水银并不高于玻璃泡内的水银表面。在下管顶部开一个孔，用塞子塞住，可以打开它让空气缓慢进入。当空气进入时，下管中的水银下降，上管中的水银上升，而当孔完全打开时，上管作为普通气压计起作用，下管中的水银则与槽中的水银持平。

48

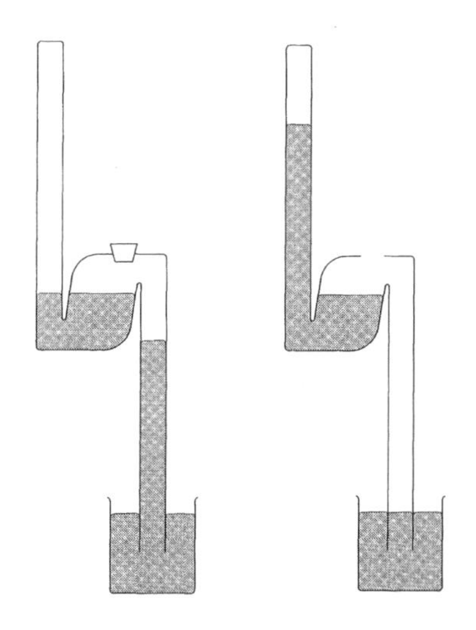

图 3.2 帕斯卡的“真空中的真空”

帕斯卡做出这些实验之后，气压计能作为简单的机械天平起作用已是不争的事实。在帕斯卡的讨论中，只有大气的重量才是特定流体高度的决定性因素。17世纪50年代发明的空气泵促使罗伯特·波义耳（1627—1691）提出了进一步的构想。若把气压计封闭在空气泵的储气器中，其水银柱的高度起初处于正常高度，但随着空气被抽出而下降。这不可能是重量平衡的问题，因为与水银的重量相比，储气器内的空气重量微乎其微。在另一个实验中，随着储气器中的空气被消耗，含有少量空气的气囊不断膨胀。这种现象促使波义耳提出，空气是一种弹性流体，当外部约束被移除时，这种弹性流体会膨胀。空气因为有弹性而会施加压力，支撑气压计水银柱的是空气的压力而不仅仅是空气的重量。当然，在露天情况下，大气的重量维持了压力，但是若把一支气压计封闭在钟罩中，则液柱将一直处于29英寸处，因为承受大气重量的储气器也维持着密闭空气中的压力。波义耳将弹性称为“空气中的弹簧”，作为一个优秀的机械论哲学家，他想象每一个空气微粒都是一根可以被外力压缩的小弹簧。

波义耳在《关于空气弹性的物理-机械新实验》（*New Experiments Physico-Mechanical, Touching the Spring of the Air*, 1660）中发表的实验和猜想引发了英格兰耶稣会士莱纳斯神父（Father Linus）的反击。莱纳斯拒不承认弹性概念，他指出波义耳的这个概念会引出一个明显荒谬的结论，即空气既可以膨胀，也可以进一步压缩。这一挑战使波义耳名垂青史，因为由此引出的研究以波义耳定律的提出而告终。通过将一根长玻璃管的封闭端弯成U形，并把其中一些空气封存在水银上方，他将水银倒入另一根管子就可以使空气受到几个大气压的压力。空气体积很容易通过其占据空间的长度测量出来，在实验开始之前料想的压力与体积的反比关系立即显示出来。

波义耳定律是17世纪科学的理想产物。它是一个简单的定量关系，同时满足了对现象的精确数学描述的寻求和机械论解释的要求。机械论哲学不可能找到比流体静力学所提供的更有利的证据来攻击当时流行的自然哲学。杠杆与平衡的基本关系早已为人所知。人们立刻看到了杠杆与气压计的类似之处，于是可以设计出任意数量的实验来重复这些简单的定量关系。而非机械论解释及其隐含的万物有灵论则无法充分解释该现象的定量方面。它们显然是特设性解释，机械论解释的优越性是无可置疑的。 50

光学明显不如流体静力学适合于机械论的思维模式。然而，在17世纪引起极大关注的光学研究受到了机械论哲学的深刻影响。机械论哲学对光学的影响在本质上当然不同于它对气压计的影响。在气压计的情况下，它促进了对纯粹力学平衡中重要因素的认识。在光学的情况下，机械论哲学鼓励产生了可以解释已知现象的光的机械观念。很难认为机械论哲学引出了光学中的任何发现，它甚至可能妨碍了对一些光学现象的理解。但毫无疑问，它为17世纪的光学讨论提供了语言用法。

就17世纪光学的第一个伟大人物而言，这个断言失之偏颇。约翰内斯·开普勒把光学作为天文学的一个方面来研究，将其伟大著作命名为《天文学的光学部分》(*Astronomiae pars optica*,

1604)[①]。在这本书中，他确立了自那以后光学研究的基本命题。开普勒主要关注视觉的生理问题。古代光学曾经通过一个视觉金字塔来处理这个问题，塔底在被感知的物体上，塔顶在眼睛中（见图 3.3）。在用物质术语表达这个概念的原子论哲学中，物体持续发出自己的似像（simulacra），即在形状和颜色上再现物体的原子薄膜。似像沿着视觉金字塔的线条逐渐收缩而进入眼睛，在那里被感觉到。无论光被视为从眼中发出的东西，还是某种从外部进入眼睛的东西，所有学派都同意，物体是在视觉行为中作为有机的统一体被看到的。

开普勒的光学变革利用了阿拉伯人阿尔哈增（Alhazen）和中世纪的光学学者威特罗（Witelo）的成果，其本质在于将视觉对象分解成无数个点。开普勒说，光有一种性质，即可以沿无数条直线（我们称之为光线）从点光源流出。可见物体的每一个点都可以被视为一个点光源，光学的基本问题就是追踪从某一点发出的光束，直到它们聚焦到另一点。开普勒的光学被总结为光线追踪，而光线追踪使他把视觉金字塔倒转了过来（见图 3.3）。从作为顶点的可见物体的任意一点发出的某个光线金字塔（说得更确切一些是锥体）以眼睛瞳孔为其底部。在眼睛内部，具有同一底部的第二个锥体的顶点在视网膜上。在视网膜上形成了可见物体的点的点像，点像的图案就构成了我们对物体的视觉。

51

把同样的分析加以扩展，开普勒便能够解决与反射和折射相关的基本问题。为什么在镜子中看到的物体仿佛被置于镜子后

---

① *The Optical Part of Astronomy.*

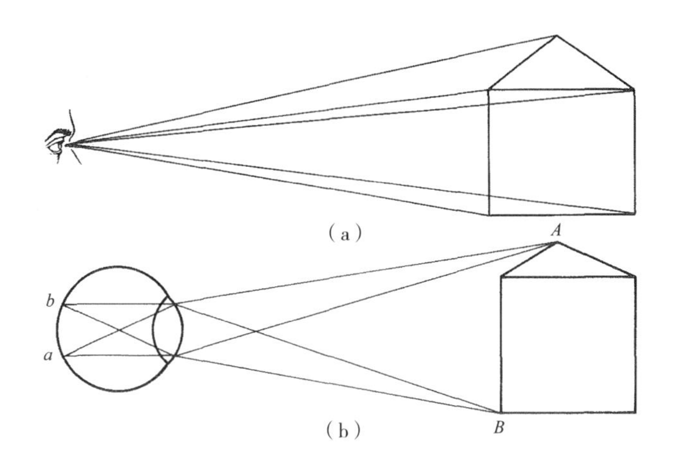

图 3.3　(a)视觉金字塔。(b)开普勒的视觉理论。

面？眼睛接收从物体各点发出的光束，它无法感知光线在到达眼睛之前所走的路径。对眼睛而言，光线只能沿直线行进。眼睛使光束会聚起来，把对象放置得就好像光线的整个路径都沿着最后部分的线一样。因此，眼睛把对象置于镜子后面。类似的分析通过折射来解释明显的位移。在 16 世纪末，意大利人德拉·波塔 52 (Della Porta)试图通过旧概念来讨论折射。

> 如果眼睛沿一条与水面垂直的线来观察水下的物体，那么该物体[原文如此]会跃出水面并直接进入眼睛；如果沿一条斜线进行观察，则物体会偏离垂线地跃出水面。

与这种概念完全不足以做出令人满意的分析相反，开普勒似乎为明晰性提供了基础。当他撰写《天文学的光学部分》时，望远镜尚不为人知，开普勒并没有讨论透镜本身。7年后，当伽利略使望远镜成为关注的对象时，开普勒出版了另一部作品《屈光学》(*Dioptrique*, 1611)[①]，讨论透镜理论。该理论仍然不完整，因为他没能发现折射定律。(折射是当光线从一种透明介质倾斜地进入另一种透明介质时发生的方向改变或弯曲，这里是从空气进入玻璃。)然而，他的《屈光学》成了后来所有透镜研究的基础，正如《天文学的光学部分》成了整个光学科学的基础一样。

在把统一的可见物体分解为点(就光学而言，各个点要比被当作整体来考虑的物体拥有更大的实在性)的过程中，开普勒采用了机械论哲学处理自然的方法的一个基本概念。点之于可见物体就如同机械论哲学中的微粒或原子之于经验世界中的普通物体。在笛卡儿那里，进入光学的不只是类比的思维模式。他把光置于其自然哲学的一般原理之下，这对其自然哲学的完整性是至关重要的。事实上，他不仅把光置于其一般原理之下，还把太阳光处理成在涡旋中运动的物质的一个必然推论。

笛卡儿在撰写自己的《屈光学》(*Dioptrique*, 1637)时，不得不对光做出具体得多的讨论。从本质上讲，他的想法是把光处理成一种在透明介质中瞬间传递的压力。在《屈光学》中，他使用了一个类比，即盲人借助手杖"看到"东西。当手杖的一端碰到石头时，杖端的运动通过手杖传递到手上，盲人便以自己的方式"看到"了障碍物。由于自然是充满物质的，我们可以把透明介质看成坚实的物 53

① *Dioptrique*.

质压在了眼睛上。发光体中产生的压力在视网膜上留下印象，在视神经中引起运动，运动传递到大脑并被解释为光。为了对光做出充分解释，笛卡儿还使用了另外两个机械类比，其中一个是把光比作网球的运动。他宣称，由于压力是一种运动倾向，所以它遵循与运动相同的定律。他立即着手用这个类比来推导反射和折射定律。

反射定律很容易由网球的例子推导出来。光的直线传播对应于网球被拍击之后的惯性运动。通过将运动分解成一个与反射面平行的分量（不因弹跳而改变）和一个与反射面垂直的分量（被反转），他很容易证明反射角等于入射角（见图 3.4）。由于人们在几个世纪以前就已经知道了反射定律，所以无论我们认为这种证明有多么严格，它都很难说是一项巨大的成就。

然而，折射却是另一回事。折射即使有定律，也尚不为人所知。笛卡儿用相同的原理来处理折射，他用一块布来代替反射面，表示球所通过的两种介质的折射界面（见图 3.4）。假定光在第二种介质中要比在第一种介质中走得慢。笛卡儿认为，所有速度变化都发生在表面，而且所有变化都与球透入所凭借的垂直分量有关。通过从这些前提中引出推论，他进而表明，无论光以什么入射角折射进入第二种介质，入射角的正弦都与折射角的正弦成正比。

作为证明，这一论证是荒谬的，其基础是一些武断而矛盾的假设。他认为那种压力（即他所谓的运动倾向）要服从与运动相同的定律。对于光在第二种介质中走得更快的情况，他不得不设想网球在穿过布面时又受到了第二次击打，很难想象与此对应的光学机制。特别是，该证明要求光在两种介质中以不同的速度行进，而笛卡儿在其他地方却坚称，光的移动是瞬时的。虽然对这一定律

54

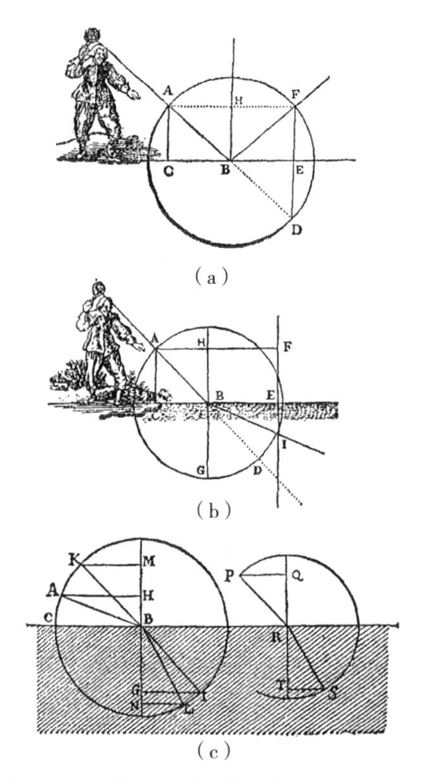

图 3.4 (a)反射。(b)折射。(c)折射定律。对于两种给定的透明介质，KM / LN = AH / IG。也就是说，对于任何入射角，sin i / sin r = n，对这两种介质来说是一个常数。

55 的实验检验不会很困难，但笛卡儿并未着手进行。证明是荒谬的，但结果仍被接受为折射的正弦定律。费马(Fermat)后来从不同的基础来解释正弦定律，他表明，光依照正弦定律被折射时，走的是不同介质中两点之间的最快路径。

有一个学派解释说，笛卡儿的证明之所以反常，是因为他是剽穷的。我们知道荷兰科学家斯涅耳（Snel）也发现了正弦定律，由于笛卡儿居住在荷兰，他可能看到过斯涅耳的未发表论文。然而，这一指控并无证据支持，似乎更有可能的是，数学研究引导他做出了这一发现。望远镜的使用清楚地表明，球面透镜不会使平行光线折射到焦点，笛卡儿对发现“折射聚焦”（anaclastic）面，即可以使平行光线折射到焦点的曲面形状很有兴趣。既然人们已经知道，抛物面镜可以使平行光线反射到焦点，那么最自然的莫过于尝试圆锥截面了。通过研究椭圆和双曲线，笛卡儿也许发现了他在《屈光学》中证明的内容，即如果光线按照正弦定律发生折射，那么椭圆透镜或双曲透镜将使平行光线聚焦。由于没有人能够磨制出一个真正的椭圆透镜或双曲透镜来检验它，所以这一证明本身并不构成接受正弦定律的严肃理由。而另一个得到证明的推论却可以。他在《气象学》（*Les météores*）[①]中表明，我们看到的主虹永远不会高于41° 47'，副虹也不会低于51° 37'。其证明要依据正弦定律，观测也证实了这一点。

笛卡儿还将颜色现象与光学相联系。在此之前，光和颜色被认为是两种不同的东西。颜色是物体的真实性质，由光所照亮但不同于光。但并非所有颜色都是如此，因为在彩虹这样一些现象中，颜色显然没有出现在物体表面上。这些被称为“表观颜色”（apparent colors），以区别于真实的颜色，它们也被用于光在经过黑暗介质时发生的改变。笛卡儿的哲学否认有可能存在像颜色那样的真实性质。根据定义，所有颜色都只是现象，他有责任表明，

① “气象学”是最令人满意（如果说并不完全准确）的翻译。

这些现象都可以归于光所遵循的那些原理。光是一种经由微小球
56 体所组成的介质而传播的压力。显然,颜色是这些球体可能具有的其他运动倾向即绕轴旋转所引起的感觉。基于一项棱镜实验所给出的复杂证据,他得出结论说:折射可以改变旋转速度;旋转的增加会引起红色的感觉,旋转的减小会引起蓝色的感觉。如果折射可以改变旋转,那么反射也是如此,就像网球在弹跳时其旋转被改变一样。物体表面的类型决定了发生什么变化,因此各个表面会呈现出不同的颜色。虽然有些内容武断任意而不令人信服,但笛卡儿对颜色的处理是光学史上的一个重大事件。他不仅取消了真实颜色与表观颜色之间的区分,将它们置于同一个基础上,还将颜色现象纳入了光学。自那以后便一直如此。

然而,人们并没有继续以笛卡儿的方式处理颜色现象。他对颜色的处理虽然反对亚里士多德的性质概念,但只是将亚里士多德主义者对表观颜色的讨论换成了机械论的讨论。它始于这样一个假设(这是科学传统的又一条常识假设,就像地球固定不动一样显得如此自明,以至于几乎不会被看成一个假设),即原始和自然状态下的光看起来是白色的。当白光被它所通过的介质改变时,颜色就出现了。通过把红色与快速旋转、蓝色与慢速旋转相联系,他甚至发现了传统理论中强色和弱色的机械论等价物。在整个17世纪,机械论哲学家都倾向于不对理论提出质疑,而是设想出一些机制来解释它们。笛卡儿对颜色的讨论是如此,格里马尔迪(Grimaldi)、罗伯特·胡克(Robert Hooke)和波义耳的著作也是如此。他们虽然改变了机制的细节,但并没有想到要会对光被介质改变这一假设提出质疑。

一位名叫艾萨克·牛顿（1642—1727）的剑桥大学本科生提出了这种质疑。在思考透过棱镜观察到的物体上的彩色条纹时，牛顿提出了一种处理颜色的新方法。引起不同颜色感觉的光线也许彼此有内在的不同，并以不同的角度被折射。于是，棱镜是通过分开光线而不是改变光线而使颜色出现。为了检验这个想法，牛顿透过棱镜观察一条一半是红色、一半是蓝色的线，线的两端似乎被分开了。该实验确证的这个新观念注定要推翻对颜色的解释——或者说正确地建立起来——将它置于自那以后所占据的基 57

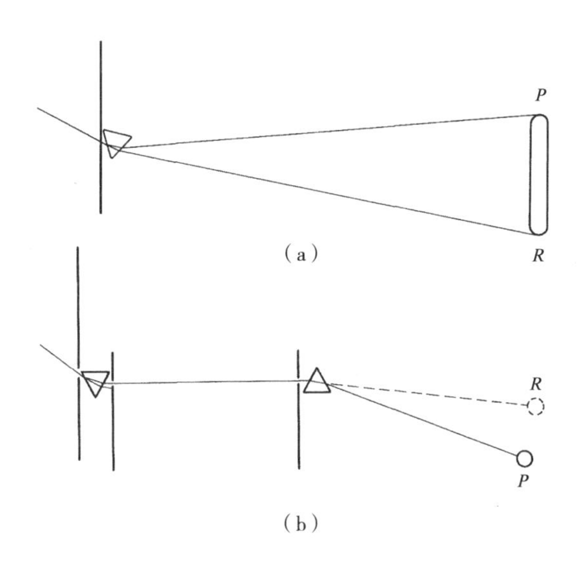

图 3.5　(a)棱镜投影。(b)判决性实验。

础上。牛顿的《光学》(*Opticks*)直到 1704 年才出版，对 40 年前那个最初的洞见作了长篇阐述。

一旦新理论被认真地提出来，就需要进行更广泛的实验证明。

牛顿选择棱镜作为仪器来提供这种证明。他的基本实验修改了笛卡儿的早期版本。棱镜并不是将一个窄光束的光谱投射到紧挨在棱镜后面的屏幕上，而是投射到房间另一面的墙壁上，其距离足以使光线分离(见图 3.5)。墙上光谱的长度与宽度之比约为 5:1，而如果所有光线都以同样的方式发生折射，则应出现一个圆形的斑点。对于这个拉长的光谱，光的改变说有一种可能的解释。既然它认为，光谱的颜色是棱镜对白光的种种改变，那么为何光束的分散就不是另一种改变呢？为了回答这种反驳，牛顿设计了他所谓的“判决性实验”(*experimentun crucis*)(见图 3.5)。他在棱镜后面放置了一块带有小孔的板，绕轴略微旋转棱镜，可以使光谱的不同部分通过小孔。在房间的中间放置另一块带有小孔的板允许光束通过。由于两块板的位置是固定的，所以光束的路径是不变的，射入放置在第二块板后固定位置上的第二个棱镜的光线的入射角也是不变的。当光谱的红端透过两个小孔被投射到第二个棱镜上时，其折射角与第一个棱镜的折射角相对应；蓝色以更大的角度发生折射，但同样对应于第一个棱镜的折射角。在任何情况下，第二个棱镜都不会引起进一步的色散。

58

牛顿的结论是，白光是各种异质光线的混合，这些光线撞击眼睛时会引起不同的颜色感觉，在棱镜中的折射程度也有所不同。颜色现象并非源于白光的改变，而是源于组成白光的各种光线的分离。

即使加上像彩虹这样的东西，棱镜光谱也只是世上颜色现象的一小部分。要使理论完备，牛顿必须将它扩展，从而把物体的颜色包括进来；也就是说，他必须证明反射也能将混合的光线分成其各个组分。他在 1675 年提交给皇家学会的论文中发表了自己的论点。研究的基础是胡克在其《显微图谱》(*Micrographia*,1665)中记录的观察,即像云母这样的透明材料的薄片或薄膜看起来是彩色的,而且颜色随着材料的厚度而变化。胡克无法想象如何测量这么薄的薄膜。但牛顿可以。他将一块已知曲率的透镜压在平板玻璃上,从而在两者之间制造出一个空气薄膜(见图 3.6)。薄膜中出现了一系列彩色的环("牛顿环"),测量出环的直径便可计算出相应的空气薄膜厚度。牛顿表明,就单色光而言,如果一个环出现在厚度为 x 处,那么其他环则出现在 3x,5x,7x 等处,以此类推,而它们之间的暗环则出现在 2x,4x,6x 等处,以此类推。测量值适用于反射光;如果从另一侧观看薄膜,则明环与暗环的位置正 59

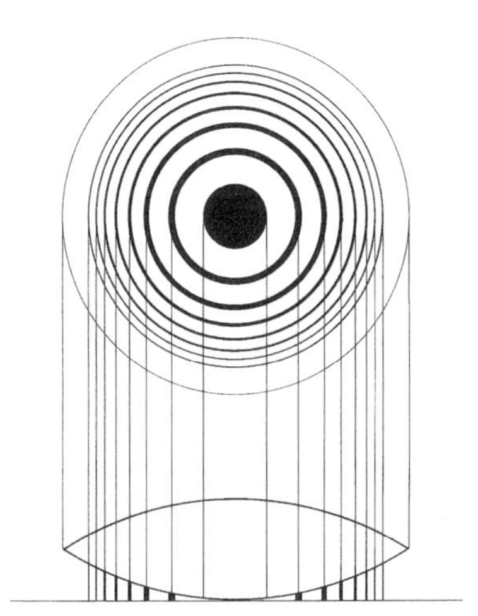

图 3.6　图的下方是压在平板玻璃上的透镜的一个横截面,透镜与平板玻璃之间形成了一个空气薄膜。图的上方是从薄膜反射回来的单色光所呈现的暗环和亮环图案。光被透射的地方出现暗环,此时没有光反射到眼睛。

好相反。也就是说，之所以出现环是因为光被给定厚度的透明薄膜反射或透射，薄膜的有效厚度是周期性的。此外，反射紫色的同样厚度的薄膜并不反射红色。牛顿以很高的精度测量了与光谱的不同颜色相对应的厚度，为后人研究所谓的干涉现象提供了事实基础。对他来说，这些结果的意义在于为物体的颜色提供了解释。颜色不同和折射性不同的光线，其反射性也有所不同。反射红色的薄膜的厚度并不反射紫色。但机械论哲学告诉我们，物体是由给定大小和形状的微粒所组成的。显然，红色物体是由厚度适合反射红色的（透明）微粒所组成的，如此等等。

60

牛顿的颜色理论首次发表时，其同时代人普遍无法理解。两千多年来，自从系统的自然哲学开始以来，白光就被认为是简单而原始的。而牛顿却提出，白光是异质光线的混合，每一种光线都会引起某种颜色的感觉。不是白光这种混合物，而是其各个组分，构成了简单的光。当这些概念的反转得到理解时，人们发现牛顿的工作是对机械论自然哲学的重大贡献，将笛卡儿仅仅置于思辨基础上的东西置于一种实验基础上。牛顿认为，颜色不可能是物体的真实性质，而只是光所引起的感觉，这样便把颜色理论完全纳入了光学。他破除了真实颜色与表观颜色的区分，将所有颜色感觉都追溯到相同的原则。

牛顿和笛卡儿一样确信光的机械本性。笛卡儿曾经主张，光是透明介质中的一种持续压力；胡克等人则追随笛卡儿，将这一观点加以修正，认为光是由介质传播的个体脉冲。所谓光的波动说正是从这些看法中发展而来。牛顿则接受了一种与此截然不同的观点，它与 17 世纪自然哲学的基本前提是一致的。光是由以极大的速度移动的微粒所组成的。不仅光的直线传播对应于物体的惯性运动，而且牛顿确信，光线的那些无法改变的性质，如折射性、反射性和各自显现出来的颜色，都需要有物质基础。所以他认为，引起红色感觉的微粒要大于引起蓝色感觉的微粒。17 世纪 70 年代，他精心设计了一种理论，以机械论方式来解释光学现象。他设想所有空间中都充满了一种被称为“以太”的精细物质，以太密度的变化导致在以太中传播的光微粒改变方向。他以这些方式解释了反射、折射和绕射（或我们所说的衍射，即光线在某些条件下经过物体附近时发生的弯曲）。通过将周期性振动归于以太，他甚至解释了牛顿环现象。

61

牛顿阐述其理论的“光的假说”一文是 17 世纪机械论哲学的典型产物。该文写成大约 4 年后，他不再相信以太的存在。当他在 18 世纪初出版《光学》时，他用微粒之间的吸引来解释他以前归因于以太密度变化的所有现象。只有一个现象例外，即他无法解释薄膜的周期性现象。他的实验已经确切无疑地证明，这种周期性现象是存在的，但用来解释这些现象的以太振动却不再可能了。因此，牛顿的《光学》中有一段讨论“易透射猝发”（fits of easy transmission）和“易反射猝发”（fits of easy reflection）的非常特别的段落，他在其中宣布，有些事实是他的理论所无法解释的。

在这方面，牛顿的理论并非唯一。在 17 世纪，任何光的观念都无法解释周期性现象，甚至连所谓的波动观念也是如此。如果说牛顿是微粒说的主要倡导者，那么荷兰科学家克里斯蒂安·惠更斯（Christiaan Huygens，1629—1695）则是波动说的主要倡导者。惠更斯认为有大量证据可以反驳微粒说。光线可以交叉而不会互相干扰，而微粒流却无法避免互相干扰。此外，光从光源向四面八方传播出去；例如，如果太阳持续发射微粒以填充它所照亮的球体，那么太阳的物质会逐渐消散，其尺寸也会逐渐减小。因此，光不可能是微粒。由于光是一种机械现象，所以它必定是一种经由介质来传播的运动。

> 毫无疑问，光是某种物质的运动，因为如果考虑光的产生，我们注意到在地球上，光主要是由火和火焰引起的，它们无疑包含着快速移动的微粒，因为它们能够熔解和熔化其他一些非常坚实的物体；或者如果考虑光的结果，我们看到，当光（比如被凹面镜）聚焦时，它能像火一样燃烧，也就是说能把物体的各个部分分开，这肯定暗示光是运动，至少在所有自然结果的原因都以机械论方式来构想的真正的哲学中是如此。我认为必须做到这一点，否则我们就不能指望理解物理学中的任何东西。

62

一块石头落入水塘，激起的波浪会从波心传播到整个水塘。水本身并未从波心流走，但这一扰动的确向外移动，从一个水微粒传到下一个水微粒。惠更斯对光学的巨大贡献是显示了，通过由坚硬的微粒组成的介质（即通过以太）进行的类似传播方式如何与光的直线传播相容。这里的关键是波阵面或波前的概念。当最终由发光体微粒的快速运动所产生的扰动通过以太传播时，每一个以太微粒便依次成为微小子波的中心，子波以该以太微粒为中心向外传播(见图3.7)。单个子波太弱,还不能被认为是光;只有当若干个子波结合起来彼此加强时,其运动才能强到足以构成光。惠更斯把加强的地方称为波前,他表明从一个发光点扩散开来的波前是一个以该点为中心的球体。实际上,波前是由无数个彼此加强的子波所构成的,但结果却与从该点扩散开来的球面相同。

对波动说的主要反驳是,和水面上的波浪一样,光波会扩散到障碍物背后的阴影中。惠更斯用波前概念推翻了这种反对意见。每一个子波都被传播到阴影中,但在这个方向上没有形成子波彼此增强的波前。只有沿着从光源发出的直线才能形成有效的波前,光的波动说和微粒说一样都能产生直线传播。不仅如此,惠更斯还证明由他的波前概念也能得出反射和折射定律,这些证明至今仍可见于初等教科书。

惠更斯的波动说和牛顿的微粒说所能解释的基本光学现象范围大致相同。牛顿能将光的异质性纳入微粒说;惠更斯则从未成功地按照自己的方式来解释颜色,尽管马勒伯朗士(Malebran- 63 che)不久以后就提出,每种颜色都代表不同的频率。在为不同介质中的光指定的相对速度方面,这两种理论也有所不同。对牛顿来说,光在朝法线偏折的介质中(比如光从空气进入的玻璃或水)必须移动得更快。而对惠更斯来说则恰恰相反,光在这种介质中必须移动得更慢。在这两种情况下,决定这种必然性的并非武断的观点,而是要使折射遵循正弦定律。这样就有了一个判决性实验在两种理论之间进行裁决;在19世纪中叶,实验确证了波动说。 64

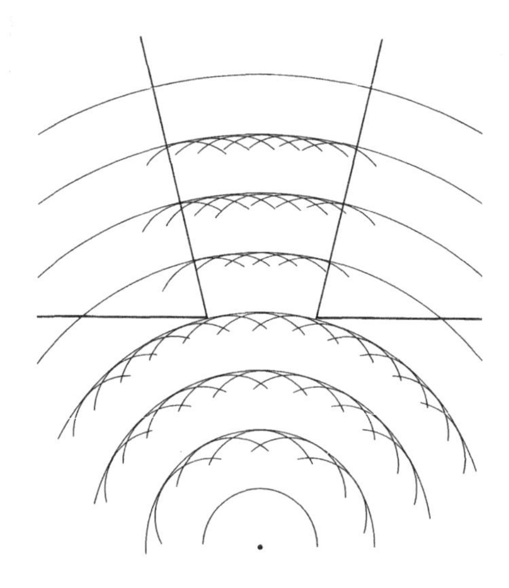

图 3.7 惠更斯的波前概念

而在 17 世纪,它完全超出了光学实验的能力。

即使在 19 世纪,波动说在测量出相对速度之前就已经有效地建立起来了。充当证据的是周期性现象而不是速度。那么,为何周期性现象在 17 世纪就不能充当证据呢?答案在于,所谓 17 世纪的波动说并没有体现周期性的波动。惠更斯理论的主要目的是解释光的直线传播,他谈到波时所想到的并不是一种周期性的起伏,而是从石头落入池塘的那一点沿着池塘表面传播的一种扰动。他明确否认脉冲可以是周期性的。他的《光论》(*Traité de la lumière*, 1690)[①] 甚至没有提到牛顿发现的以及惠更斯在相同的

① *Treatise on Light.*

实验中观察到的周期性现象。

惠更斯没有提到的不只这些。17世纪中叶，意大利科学家格里马尔迪已经发现了衍射。几年以后，伊拉斯谟·巴托林（Erasmus Bartholin）发现了与偏振有关的所谓双折射现象。周期性、衍射（一种周期性现象，虽然在17世纪尚未得到认可）和偏振成为19世纪光的波动说的基础。惠更斯没有提到其中任何一个。虽然牛顿讨论了所有这三种现象，但他的立场与惠更斯并非完全不同。放弃了振动以太的想法之后，周期性现象对他来说似乎是无法解释的。他对衍射的解释与衍射现象是不相容的，他对偏振的解释很难与他的光论的其余部分相协调。

在17世纪初，机械论哲学促进了光学的发展，并且为包括牛顿和惠更斯在内的所有光学学者讨论这门科学提供了语言用法。然而到了17世纪末，机械论哲学已经成为光学进一步发展的障碍。实验已经发现了上述三种性质或现象，它们对于任何一种现有的机械论模型来说都是完全无法理解的。就这样，光学停滞了一个世纪，直到发展出一种精致得多的波动力学，它所强调的不是机械介质，而是波动本身。

65

第四章 机械论化学

17 世纪继承的化学所处的背景与现代化学极为不同，要想理解它，20 世纪的读者必须发挥自己的想象力，使自己置身于完全不同的思想气氛中。在天文学和力学等科学中，其基本问题看起来是很熟悉的，即使之前传统处理这些问题所使用的观念看起来很奇怪。而就化学而言，即使是认识到这些问题，也需要付出很大的努力。

部分困难源于混合物的想法。化学家认为自己处理的所有物体（或材料）都是混合物。人们普遍认为，有限数量的要素（elements）或本原（principles）以不同比例结合起来，组成了地球表面上发现的各种材料。“本原”一词比“要素”更不容易误导现代读者，因为“要素”[“元素”]已被后来的化学用来表示一个与之前几乎没有什么共同点的概念。本原（或要素）的数量因系统的不同而不同；通常有三个、四个或五个——总是一个数，不仅小于我们习惯上认为的元素数量，而且有不同的次序和形式。这些本原是我们在地球表面上发现的所有物体的普遍成分。所有本原或要素都以某种比例进入了每一个混合物的组成。由于自然之中的材料多得令人眼花缭乱，我们似乎只能推出，可能的比例在数量上是无限的。因此与后来化学的另一个显著差异在于，本原的数量要少得多，化学物质的数量也要大得多。1600年的化学家不是通过一系列分立的复合物,而是通过可能比例的连续谱来思考的。一种硝石不同于另一种硝石,化学家需要指明其材料的来源。无疑,杂质的存在决定了这样一个概念,但建立在比例的连续谱基础上的混合物概念使得给定的化学物质几乎不可能与杂质区分开来。既然没有任何标准来识别化学物质,又如何能够识别杂质呢?就贵金属而言,最实际的考虑早已确立了纯度标准,但化学家们继续讨论不同的"金"和"银",他们仍然认为金属是混合物。要想理解17世纪化学家所面临的实际问题,没有什么能比罗伯特·波义耳在所讨论的这个时期过去大约五十年之后论述实验失败的两篇文章更有启发性了。17世纪初的化学被各种各样的现象所淹没,它仍然在摸索一套恰当的概念。

66

化学要做的是分析。通过各种手段(几乎所有手段都涉及火),化学家都将混合物分解为其要素或本原。正如20世纪的一位历史学家所指出的,和"要素[元素]"一样,"分析"的意思与我们的习惯理解有所不同。我们所说的要素[元素]是具体而明确的东西,我们期望通过分析来隔离它们。在1600年,化学家的分析是理论上的而不是实际的。他打算用他的操作来揭示混合物的组成,但并不期望将它们隔离成可以处理的具体物质。构想要素的方式本身就使这些要素不可能孤立存在。

17世纪初的化学的另一个特征是它与更广的自然哲学的联系。化学作为一门独特的科学几乎不存在。就化学是一种独特的事业而言,它一般不被认为是科学。另一方面,就化学是科学的一部分而言,化学又不是一种独特的事业。化学家们认为自己的学科是一门服务于医学的技艺，即致力于制造药物。科学家以嘲笑的眼光看待他们，称其为“烟熏火燎的江湖医生”。在帕拉塞尔苏斯（Paracelsus，1493？—1541）的工作中，化学已经达到了非常发达的形态。阅读帕拉塞尔苏斯的著作几乎必然会得出结论说，他主要用化学现象来说明一种本质上关注宗教问题的哲学。虽然他67的概念和理论将对17世纪的化学产生一定的影响，但这些概念和理论起初并不是为了处理化学现象。恰恰相反，现象被压入了概念所提供的模子当中。

帕拉塞尔苏斯对17世纪初的化学产生了最重要的影响。围绕着他的教导，形成了所谓的“医疗化学派”（iatrochemists）或“炼金术医学派”（sphagyrists），该学派视化学为医学的仆人。他们出版的书籍——在整个17世纪有一个不间断的医疗化学文本的传统——大多是由少量理论引入的医学配方。

该理论建立在帕拉塞尔苏斯所教导的三要素——盐、硫和汞的基础上。由作为组分的三要素构成了所有混合物。对于帕拉塞尔苏斯来说，盐、硫和汞代表着身体、灵魂和精神，所有存在物都由这三种形而上学成分所构成。虽然不太倾向于作形而上学思辨，但医疗化学家从未完全剥夺这些要素的原有含义。17世纪初重要的医疗化学家让·贝甘（Jean Beguin，约1550—约1620）把汞定义成一种具有渗透性、穿透性和挥发性的酸性液体。身体的感觉和运动，物体的力量和颜色，均可归因于汞。硫是一种油腻、黏稠、温和的香脂，可以保存物体的天然热量，使其易燃。它是营养、生长和嬗变的工具，也是气味的来源。它能够调和相反者，将汞的流动性与盐的坚固性结合起来。最后一个要素是盐，它是干的和咸的，是物体坚固性的来源。贝甘对要素的定义不仅保持了帕拉塞尔苏斯对身体、灵魂和精神的看法的特征，更使我们想起了亚里士多德所说的元素。盐对应于土，硫对应于火，汞对应于水。和亚里士多德的元素一样，这三种要素也是以定性的方式构想的，它们是具体性质的物质承载者。因此，一个物体之所以坚固，是因为其中含有较高比例的盐，或者之所以易燃，是因为其中含有较高比例的硫。医疗化学因为接受一种定性的自然观而与 17 世纪日益统治物理科学的定量观点相冲突。

作为文艺复兴时期自然主义的一个方面，主动本原的帕拉塞尔苏斯主义传统同样与机械论哲学是矛盾的。医疗化学家常常把帕拉塞尔苏斯所说的三种要素看成主动的，而且除此之外还承认两种被动本原，即水和土。赫尔蒙特也许是最后一位伟大的帕拉塞尔苏斯主义者，他坚持认为，一种与帕拉塞尔苏斯所说的汞类似的主动本原是每一个物体的关键组成部分。这种观点与机械论哲学对物体的构想完全相反。 68

17 世纪化学背后的另一种传统是炼金术，它进一步强调了流行的化学观与日益占主导地位的机械论哲学之间的二分。虽然 17 世纪的医疗化学家们大多是认真审慎和枯燥乏味的，很难有炼金术士那种无羁的幻想，但帕拉塞尔苏斯本人却与这种幻想密切相关，炼金术的自然观与他的自然观是完全一致的。炼金术认为金属从根本上彼此相同，仅在成熟度上有所不同。金当然是最完美的，正如它对腐败变质的抵抗所显示的。银等而下之，其他金属则排在金和银之后。当地球上产生金属的自然过程完成时，便会产生金。而当自然过程中断或中止时，便会产生某种贱金属。直截了当地说，炼金术的任务就是让金生长，用技艺来实现在地球中产生金的自然过程。炼金术以最生动的语言表达了有机自然观，其中充斥着发酵、营养、消化、产生、成熟等含义明确的语词。在产生金的漫长过程中，炼金术往往会使用有机热；例如，将原料埋在粪肥堆中以度过其孕育期。在17世纪，影响不断衰落的炼金术与医疗化学联合起来共同支持一种金属观，认为金属是在地球中生长的有机物质，是由化学要素组成的混合物。

在17世纪中叶，化学传统的每一个主要方面所表达的自然观都与在物理科学的其他地方渐渐占主导地位的自然观完全相反。笛卡儿对化学的含蓄态度暗示了不同的看法。他用了数章的篇幅专门讨论了磁和光等话题，而讨论化学问题的却只有寥寥几段话。有几个化学问题的确进入了他的工作，这个事实本身便预示了未来。因为化学与机械论自然哲学有直接的、不可避免的联系。如果物体的属性是由构成物体的微粒所引起的现象，那么机械论自然哲学就不能忽视化学所探讨的许多内容。17世纪下半叶化学的历史就是化学转变为机械论哲学的历史。也许更贴切的说法是化学屈从于机械论哲学，因为机械论在化学文献中所起的越来越大的作用似乎更多是因为将各种机制外在地强加于现象，而不是源于现象本身。尽管如此，从20世纪的角度看，在流行自然哲学的影响下，化学似乎不可能原封不动地持续下去。事实上，它并没有原封不动地持续下去。如果说17世纪上半叶重要的化学家大都是帕拉塞尔苏斯主义者，那么17世纪下半叶的重要化学家则几乎都是机械论者。

69

在评价化学思想中发生的转变时，我们必须回忆一下医疗化学的内在历史。当帕拉塞尔苏斯所说的要素最初被提出时，它们适用于相当有限的化学材料，这些材料中有许多是有机的。我们仍然用帕拉塞尔苏斯主义的语词“精”（spirits）来描述某些有机蒸馏物的产物，这些有机蒸馏物占据着化学信息库中的很大一部分。在17世纪，化学知识库被大大扩展了。而且，许多新的信息都涉及无机化学，需要付出相当大的努力才能将其中的许多内容纳入帕拉塞尔苏斯主义理论的范畴。我们必须在不断增长的化学知识的背景下，才能评判医疗化学在17世纪下半叶的明显衰退。医疗化学传统对化学物质的反应和制备作了编目，但根本无法将这些事实组织成一个连贯而有用的理论体系，它自身的失败促进了机械论化学的成功。化学在17世纪下半叶所面临的主要问题是，机械论哲学能否做到医疗化学所没有做到的事情。

尼古拉·莱默里（Nicolas Lemery，1645—1715）是17世纪下半叶法国最重要的化学家之一。他1675年初版的《化学教程》（*Cours de chimie*）[①]以及此后的多个版本和译本对化学产生了广泛的影响。该书关于海盐的精（盐酸）如何将强水（*aqua fortis*，硝酸，HNO_3）所溶解的金属析出来的讨论充分反映了这部著作的主旨。海盐的精的体积较大的尖锐微粒推撞并摇动着强水微粒，直到被强水微粒保持在溶液中的金属被析出来。他补充说，一些化学家对这个反应的解释是，海盐的精的酸性与强水中挥发性的含硫的碱相结合，从而迫使强水释放出金属。　70

① *A Course of Chemistry.*

> 但是，正如他们所说，这是用另一种晦涩得多的事物来解释一种晦涩的事物；因为强水的挥发性的精怎么可能是一种碱呢？而且它与强水中固定的酸精一起作如此剧烈的运动，而不会破坏或失去其本性，这绝不是容易想象的事情。但即使假定这种精是一种碱，也仍然有必要机械地说明，为什么这种碱会离开金属的身体而与盐的精相结合；仅仅说通过这两种精的结合，强水不得不释放它所溶解的金属，这根本没有澄清问题，除非一个人有意给这些精赋予智慧。因此，为了寻求真正的原因，我们仍然要求助于骚动和推撞。

由于酸反应在其化学中扮演的重要角色，与上述类似的段落经常出现在莱默里的文本中。酸是由尖的微粒构成的，他经常称这些微粒为“酸尖”(acid points)。酸尖也很轻，因此能够托住它们所刺穿的金属微粒，正如木头能使附于其上的金属浮动一样。顺便说一句，这幅图像也解释了为什么一定量的酸只能溶解一定量的金属；一旦每一个酸尖都与一个金属微粒相结合，这种酸就不再能溶解金属了。那么，为什么溶剂会放弃它们在溶液中维持的物体而与另一种物体相结合呢？也就是说，例如，为什么一种碱盐会从王水(*aqua regia*，硝酸和盐酸的混合物)中析出金呢？莱默里承认，这个问题是自然哲学中最困难的问题之一，但似乎还没有困难到他的机械论哲学无法回答的程度。如果你在溶液中加入某种材料，其微粒的形状和运动适合啮合并折断刺穿金微粒的酸尖，那么就必定会析出金。而挥发性的碱性的精中碰巧充满了“非常活跃的盐”，这些盐会剧烈移动和摇晃它们所遇到的物体，从而折断酸尖。然而，这些酸尖虽然被折断了，但仍然足够锐利和活跃，可以刺穿盐微粒，因此可以通过加热和沸腾来溶解它们。

莱默里断言，对一个事情的本性的最好解释就是“承认可以用各个部分的这类形状来解释它所产生的结果”。这句话很重要。71 它表明，莱默里的机械论化学最终关注的不是提出某种化学理论，而是对观察到的性质做出解释。酸的性质暗示了尖的微粒。由酸形成的腐蚀性盐，例如铜矾，其腐蚀能力源自刺入盐中或者毋宁说是刺穿它们的酸微粒，正如许多出鞘的刀可以切削和切碎它们所遇到的材料一样。作为解释工具，机械论哲学本身并不提供一种化学理论。相反，它潜在地适用于几乎任何理论。莱默里等人讨论的给定形状的微粒没有在任何意义上被观察到，它们是从观察到的性质中推断出来的，实际上可以想象出相关现象所需的任何形状和运动的微粒。

在莱默里那里，机械论哲学被用来解释一种修改版本的医疗化学。他实际上把汞或精排除在化学之外；通常被称为精的材料实际上都是挥发性的盐。存在着一种普遍的精（很难知道在他看来这种精是物质的还是非物质的），它是所有具体物质的最终原因，但莱默里认为它太过形而上学和抽象，所以没有把它写进一部化学论著。硫（他更喜欢称之为油）由柔韧多枝的微粒所组成，这些微粒会彼此缠绕并与其他微粒缠绕在一起，从而表现出我们所熟知的油和油脂的粘性。对莱默里来说，油仍然是可燃性的本原，但他也相信存在着微小的圆的火微粒，这使得他对燃烧的讨论完全无法被人理解。事实上，莱默里的著作并没有用多少笔墨来讨论油，而是几乎全在讨论帕拉塞尔苏斯的第三种要素——盐。莱默里认为，自然界中有一种盐，一种由地下矿脉中的酸液凝固而成的酸盐。所有其他盐均由它形成。碱盐并不天然存在于混合物中，但是通过使混合物分离的化学操作，可以在混合物中产生碱盐。莱默里坚持认为，这一要素是解释化学现象的关键。不用说，这是他的发现。无论碱的来源如何，碱的存在对于他的化学都是最重要的，然而他并没有广泛利用这一概念。如果说莱默里的《化学教程》有什么组织方案，那么它明显试图将大多数反应归结为碱对72 酸的中和。由于范·赫尔蒙特最先描述了这种中和，所以它在莱默里化学中的重要性是他与帕拉塞尔苏斯学派之间关系的另一个方面。

酸由尖锐的微粒或针所构成，碱则由多孔的微粒或针垫所构成，酸尖能够插入其中。两者混合便会沸腾，这是一个公认的事实，却得不到令人满意的解释。针插入针垫，被中和；针垫的孔洞插满了针，被中和。莱默里以或尖或钝的针、或大或小的孔，在其工作中不断重复这幅图像。由于深受医疗化学传统的影响，他关心其工作的医学应用，并将其基本方案用于该领域。疾病是空气携带的由酸导致的感染，从根本上说就像毒药引起的感染一样。整个药物就在于用碱来中和它们。正如他在论腐蚀性的升华物一章中所警告的那样，一个人在开解毒药之前必须知道毒药的性质。由于莱默里的整个工作都在强调碱之间的相似性而非差异性，他没有留给那些疑惑的医生多少有用的指导。

医疗化学对莱默里最普遍的影响也许在于，他往往通过几种宽泛的物质类别来思考。他用一种基本形状来解释酸，用另一种基本形状来解释碱，而且无论经验有何要求，他总是暗示，所有酸、所有碱甚至所有物质最终都是同一的。在他的处理中，化学并非致力于对持久存在的物质进行分离和组合，而是致力于将可延展的微粒塑造成几种一般形状。关于混合物连续谱的早期信念对应于莱默里的讨论中所隐含的形状的连续变化。酸根据酸尖的锐利程度而有所不同。每个尖都是一种与特定的酸相对应的独特而不变的形状吗？显然不是，因为他认为，更尖的微粒是地球中较长时间发酵的产物，因此酸尖被打磨得较细。因此，当由腐蚀性的升汞（$HgCl_2$）制备甘汞（*mercuriuss dulcis*，Hg_2Cl_2）时，须将材料升华三次以使酸尖变钝。如果只升华两次，酸尖仍然太过锐利，其导泻能力仍然太强。另一方面，如果升华五次，导泻能力将被完全摧毁，它将变得纯粹发汗的。机械论哲学的一个基本命题是物质的同质性，物质仅仅通过其微粒的形状、大小和运动来区分。莱默里毫不迟疑地利用了这些现成的手段，将比例的连续谱的想法转化为机械术语。 73

莱默里对机械论的偏爱在多大程度上可能会掩盖一些重要观察的意义，可见于他对通过加热使硝酸汞（$Hg(NO_3)_2$）分解成氧化汞（Hg_2O_2）的讨论。当硝酸汞溶液蒸发所形成的白色晶体被加热时，其重量会减轻并且变红——这显然是因为酸尖的锋利部分被弄钝了。此外，仅仅通过煅烧汞就能形成另一种红色沉淀物。此时，火微粒进入汞的孔隙，使其微粒有了新的排列和运动，由此产生了红色沉淀物。莱默里并没有想到，这两种红色化合物可能是相同的。他的作品中列出了大量具体的化学物质，并且提供了关于如何制备它们的说明。由不变的性质所确认的明确的物质存在着，这一事实似乎与他对物质可变性的讨论直接相矛盾。他说，对汞的所有制备“只不过是酸精使汞具有种种不同的形状，酸精因粘附性不同而会产生不同的结果”。但他也指出，从汞的化合物中可以恢复原来的汞。这个事实似乎与物质的无限可变性相矛盾，但莱默里并没有努力解决这个困境。

在莱默里那里，机械论哲学既不能批判他所接受的化学理论，也不能提出一种替代方案。机械论哲学往往会使他的注意力集中在对据说能够解释物质性质的微粒形状进行想象，而不是重新思考他所拥有的大量材料。和其他机械论化学家一样，他似乎被一种狂热所占据，试图解释每一种性质和每一个现象。如果有什么区别的话，在莱默里那里，机械论哲学的作用是鼓励化学家想象一些看不见的机制，使传统理论与业已接受的自然哲学相协调，从而使传统理论持续下去。虽然医疗化学作为一种独立的理论已经失败，但它变相地影响了机械论化学的形态。

英国医生和化学家约翰·梅奥（John Mayow，1640—1679）的工作进一步说明，用机械论哲学来支持化学中的某种传统观点是多么容易。梅奥是一位对呼吸和燃烧的相似之处感兴趣的实验家。众所周知，当蜡烛在覆盖在水上的密闭容器中燃烧时，随着蜡烛的燃尽，容器中的水会上升，空气体积会减少（见图 4.1）。现在实验表明，当一个小动物在类似的密闭容器中窒息而亡时，也会发生同样的现象（在数量上大致相同）。体积的减少意味着空气中少了一些东西，而且空气泵实验也支持这个结论，因为它表明，空气的存在对于燃烧和生命都是必需的。除了这些已知的实验，梅奥还补充了一个实验。他将一只小动物和某种可用取火镜点燃的可燃材料一起封入瓶中。动物断气时，可燃材料将无法点燃；因此呼

74

吸和燃烧都需要空气中的同一种物质。梅奥把它称为硝气精（nitro-aerial spirit），这个名称源自硝石（nitre），表明像火药这样含有自己硝气精的由硝石制成的物质可以在没有空气的情况下燃烧。

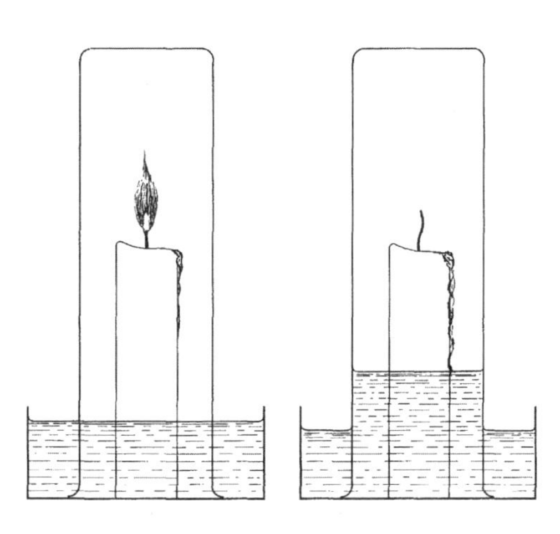

图 4.1　梅奥的实验

拉瓦锡（Lavoisier）在 18 世纪的工作解释了氧在燃烧和呼吸中的作用，此后，梅奥被誉为发现氧的先驱。但事实上，如果联系帕拉塞尔苏斯主义传统（“硝气精”一词便来自于它），可以更好地理解梅奥的工作。从梅奥对空气体积减少的解释中可以发现理解他的线索。按照我们的化学，在呼吸和燃烧的过程中，氧与碳相结合，形成溶解在水中的二氧化碳。而梅奥则认为空气的弹性减小了。他认为硝气精是空气弹性的原因，而不是作为空气组分的某种气体。他以机械论的方式谈到硝气精微粒楔入空气微粒之间，从而使空气微粒具有弹性。（他并没有使用的）一个合适的类比也

75

许是把空气微粒描绘成空心管,这些空心管因为其中填充了线段(硝气精微粒)而具有了坚固性和弹性。梅奥的硝气精微粒只不过是披着机械论外衣的一种帕拉塞尔苏斯主义主动本原罢了。它使空气具有弹性,并且引起了燃烧。它在呼吸过程中与空气分开,维持着动物的生命。当它同血液中含硫的盐的微粒一起发酵时,会产生动物热,而与通过神经提供的其他含硫的盐的微粒再次泡沸时,它会引起肌肉收缩,因此是动物运动的来源。硝气精还是植物生命的原因。这里人们开始怀疑硝石(硝酸钾)在梅奥理论中的异常作用。硝石是火药的一种成分,可以从大量施肥的地里挖出来,因此与肥料有关。此外,硝石精(硝酸)也可由硝石制造出来。据我们所知,梅奥的硝气精中至少混合有三种不同的元素。作为燃烧和动物生命的动因,它涉及氧;作为植物生命的动因,它涉及氮;作为酸性精,它涉及氢离子。当然,17 世纪的化学还没有复杂到能够做出这些区分。就梅奥而言,硝气精微粒是对帕拉塞尔苏斯主义化学的主动本原的一种机械论翻译。

最重要的机械论化学家无疑是罗伯特·波义耳。他喜欢自称为一个培根主义的经验论者,不受理论偏见阻碍地收集自然志。他曾在自己著作的前言中多次声称,他曾经强忍着不去阅读笛卡儿和伽桑狄的著作,以免受到他们体系的诱惑。波义耳从其科学生涯的一开始就致力于机械论哲学,其整个科学写作都可以解释为对机械论哲学的持续阐释。波义耳出身于一个非常富裕的家庭(有一句妙语说,他是化学之父和科克伯爵之兄),因此有条件从事他所选择的研究。17 世纪 50 年代,他定居于牛津,非正式地加入了后来成为皇家学会核心的群体,并且选择了化学。他的朋友们

76

对此大惑不解，因为化学并不是一门科学。波义耳却不这样认为，在他看来，只有化学才能为机械论自然哲学提供一种建立在实验基础上的物质理论。他的科学事业便致力于这一目标。在其职业生涯之初，他在物质的微粒理论方面做了大量工作。这项工作从未完成，但他完成的许多单篇论著可以被视为对这项主要工作的贡献。这些论著中贯穿着一个主题——化学反应仅仅是微粒的重组，所有化学性质都是运动的物质微粒的产物。

在早期作品《怀疑的化学家》（*Sceptical Chymist*，1661）中，波义耳定义了元素，这也许是他最著名的陈述。“我所谓的元素是指某些原始而简单的、或者说完全没有混合的物体；它们并不是由任何其他物体所构成的，也不是彼此构成的，所有那些被称为完全的混合物的东西都是直接由这些成分复合而成的，并且最终都分解为它们。”这段话经常被引用，也经常被误解。它并没有提出一种新的元素概念，而是表达了混合物组成部分的传统元素或要素概念，在这句话的下一个子句中，波义耳便拒斥了这个概念。取而代之的则是他自己的机械论哲学版本。物质是由许多均匀的小微粒组成的，这些小微粒结合在一起形成更大的微粒，这些大微粒则构成了化学所处理的物质和物体。我们在物体中观察到的所有差异都必定来自于次级凝结物（即构成物体的有效微粒）在形状和运动上的差异。正是波义耳不断重复的这一点构成了其工作的基本主题。

波义耳特别关心将机械论概念应用于化学反应。《硝石的复原》是他最有启发性的文章之一。他在该文中描述了一个实验，将硝石（KNO_3）分离成一种挥发性的精（HNO_3）和一种固定盐

（K_2CO_3，碳来自他在实验中使用的木炭）。他虽然无法收集被释放出来的硝石精，但可以通过原来硝石的重量损失将它测量出来。当与被释放出来的硝石精几乎等量的硝石精被加到固定盐上时，可重新制得与原有样品重量相等的硝石。实验并不一定要从硝石开始。由于硝石由特定的酸精与特定的碱盐结合而成，所以可用人工方法制造出与天然硝石完全相同的硝石。此外，这两种组分的性质彼此相反，与硝石的性质也相反，所以很难看出，硝石的性质如何可以像传统化学希望声称的那样从其组分中得出。毋宁说，硝石的性质源自其微粒的形状，这些微粒是由构成硝石的两种物质的微粒所组成的。发展出令人满意的化学理论本身并不是波义耳的目标。化学为他提供了一种手段来证明机械论自然哲学是有效的。

77

与莱默里和梅奥一样，波义耳的化学在其机械论外表背后保留了来自帕拉塞尔苏斯主义传统的大量遗存。当他着手把硝石分解为各个组分时，他毫不犹豫地把火当作分解的动因，两种产物则被视为一种挥发性的精和一种固定盐。他同意，酸精体现了硝石的活性成分；活性物质的概念在化学家看来是如此必然，运动的机械论类比似乎是如此明显，以致他并没有停下来追问，“活性”物质与机械论自然观是否实际上相容。波义耳承认，金属在地球中生长，是“种子本原”（赫尔蒙特的术语）产生了金属。得出万物源于水这一结论的赫尔蒙特的柳树实验符合机械论哲学的前提，即所有物体都是由均一的物质形成的，这种物质仅仅凭借其微粒的形状和运动才得以分化。波义耳不断引用这个实验，还亲自做了两次。

因此，机械论观念暗示了物质的普遍可变性，一种物质可以变成另一种物质。

> 我并不是说任何事物都可由所有事物直接制成，就像由一些金子制造出金戒指，由水制造出油或火一样；但由于物体只有一种共同的物质，只能通过偶性来区分，而所有这些偶性似乎都是位置运动的效果和结果，我不知道为什么下述观点是荒谬的：（至少在无生命的物体当中）通过非常少量地增减物质（在大多数情况下很少需要这种做），以及通过一系列有序的改变，逐渐使物质发生嬗变，几乎任何事物最终都可以由任何事物制成。

78

几乎任何事物都可由任何事物制成——机械论哲学提供了这样一种现成的图像，它描绘的是古老的嬗变信念，对此波义耳从未有过质疑。实验的确表明，某些物质相当持久。银或汞可以通过许多反应而产生形形色色的物质，由这些物质又可以恢复原始的银或汞。波义耳的物质概念为解释这些事实提供了理由。银和汞的微粒是非常紧密地结合在一起的最终微粒所组成的次级凝结物；这些微粒能够经受一系列实验而保持不变，同样的金属存在于其复合物中。这幅图像似乎蕴藏着最富有成果的可能性。不仅是几种金属，还有其他一些物质（例如硝石的两种组分），显然是由持久的微粒组成的。我们看到，站在化学边缘的波义耳致力于研究有限数量的不同物质的组合和分离。不过，波义耳生活在17世纪而不是19世纪，我们看到的可能性对他来说并不是显而易见的。

他所引用的实验证据从未使他质疑金属是复合物，他的机械论形象再次有助于确证一种传统信念。次级凝结物虽然相对持久，但仍然能被分解。波义耳继续寻找着嬗变黄金的方法，并与洛克和牛顿等其他著名的炼金术士交换秘密配方。波义耳仍然认为金属是混合物，水和酒精等物质则更为基本。

然而，在进一步质疑现有化学理论的结构方面，波义耳比他那一代的任何其他化学家走得更远。莱默里只是给现有的理论涂上了一层薄薄的机械论解释。无论波义耳的化学中留存有什么传统要素，他都在《怀疑的化学家》中对帕拉塞尔苏斯主义的要素和亚里士多德的元素作了彻底的批判。既然这些元素和要素都被视79为性质的物质载体，那么它们一定会令波义耳这样认真思考的机械论者厌恶，不过，波义耳的批评主要是基于其他理由。化学学说认为，分析将混合物分成各个要素；波义耳用化学试验证明，不同物体在分析中会产生不同的物质，不同的分析方式会把同一物质分成不同的组分。化学鉴定试验并非波义耳的原创，但波义耳比他之前的化学家更广泛地运用这些试验，使之达到了更高的功效。与其他木头一样，黄杨木在蒸馏过程中会产生一种精；波义耳表明，它不同于普通的木精。黄杨木的精能够溶解珊瑚，遇到酒石盐会沸腾并发出嘶嘶声，而普通的木精却不能溶解珊瑚，遇到酒石盐也不发生反应。黄杨木的精能使紫罗兰的汁液变红，而普通的木精则不会改变紫罗兰的蓝色。硝石分解成酸性的硝石精和被称为固定硝石（碳酸钾）的碱盐。硝石精可以溶解许多金属，固定硝石则使金属析出。固定硝石可以溶解许多油质的和含硫的物体，硝石精则使它们析出。硝石精能使巴西的一种鲜红色染料变成黄色，固定硝石则再次使之变红。硝石本身不会改变溶液的颜色。早期化学主要是通过物理性质来确认元素和要素的，比如通过坚固性来确认盐，通过挥发性来确认精或汞。波义耳对化学试验的使用蕴含着一种对化学物质的全新看法，认为化学物质是对一系列化学鉴定试验的响应。

> 事实上，既然有不止一种性质属于每一种特定的物体，而且在大多数情况下，许多性质的同时出现对于那种物体是至关重要的，以至于缺少其中任何一种性质都足以把它排除出所属的那一种；因此，将任何一种物体与世界上所有不是那一种的所有物体区分开来并不困难。

当化学最终遵循这种观念的涵义时，现代化学理论的基础便建立起来。它所蕴含的不是无限的连续比例或物质的无限可变性，而是存在着可以通过一系列精确实验来确认的分立数量的物质。波义耳没能信守自己的学说，因为虽然他陈述了上述概念，但他也相信任何东西都可以由任何东西制造出来。他的机械论哲学似乎再次阻碍了其化学中最有前途的方面。通过支持传统概念并赋予它们一种虚假的尊重，机械论哲学鼓励波义耳继续研究嬗变，尽管一致地运用其鉴定试验必定会使他相信，他至少不可能由任何东西制造出任何东西。 80

在17世纪六七十年代，剑桥大学的年轻教授艾萨克·牛顿认真研读了波义耳的著作，并且从中摘录了在其物质结构思辨中占有突出地位的材料。1706年，这些化学思辨作为附在《光学》拉丁文第一版后面的一个“疑问”中发表出来，也就是现在英文版中的疑问31。它代表着17世纪化学思想所达到的一种最高水平。和波义耳的化学一样，牛顿的化学也同一种机械论自然哲学紧密地结合在一起，不过他与波义耳以及17世纪的大多数人之间的差异在于，牛顿断言微粒之间存在着力。波义耳认为化学是一种工具，可以证明自然中的所有现象都源自运动中的物质微粒，而牛顿则认为化学现象证明了物质微粒彼此吸引和排斥。

> 当任何金属被放入普通的水中时，水无法进入金属的孔洞来作用和溶解它。这并不是因为水由太过粗大的部分所组成，而是因为它与金属不合宜(unsociable)。因为自然之中有一条秘密原则，使得酒与某些事物合宜(sociable)，与另一些事物不合宜。但一种与物体不合宜的酒可以通过混入一种适当的媒剂而变得与之合宜。以盐精为中介，水可与金属混合。现在，当把某种金属浸入充满了这样的精如强水、王水、矾精等等的水中时，漂浮在水中的这些精的微粒将会撞击金属，因其合宜性(sociableness)而进入金属的孔洞，并且在金属外部的微粒周围聚集起来。通过金属微粒的持续颤动，酸精微粒逐渐嵌入金属微粒和金属物体之间，并将金属微粒从金属中松开。

如果加入一种物质，比如与酸更合宜的酒石盐（K_2CO_3），则酸性微粒会聚集在它周围，金属将析出。牛顿对反应的解释和波义耳的解释一样都是思辨性的，吸引力（在上面这段话中他称之为合宜性）和波义耳所说的微粒形状一样都不是经验的。然而对化学来说，它们都能把注意力集中到波义耳工作中最有成果的一个方面，即通过特定的化学性质来确认一种物质。例如，他从波义耳那里学到了一系列置换反应（在上面已经得到部分暗示）——铜从酸溶液中置换了银，铁置换了铜，酒石盐置换了铁。牛顿的化学著作关心的不是像盐或精这样广泛的类别，而是特定的化学物质和特定的反应。也许他作为原子论者的信念，即物质微粒是不可变的而不是可变的，鼓励了这种观点。他肯定认为，每种物质的微粒都对其他微粒有特定的吸引和特定的排斥。因此，化学实验的注意力应当集中在物质的化学性质上。牛顿的疑问 31 对后来的亲和力研究产生了主要影响，亲和力研究在 18 世纪初的化学中发挥着主导作用，并且为拉瓦锡的工作做了准备。

81

17 世纪结束时，化学所掌握的材料比一个世纪之前大大增加。一百年来密集的实验并非没有收获。但我们不能忽视这样一个事实，即化学理论并没有取得重大进展。在 17 世纪下半叶主导化学思想的机械论哲学仅仅提供了一种对反应进行描述的语言。既然没有标准来评判不同的想象机制之间孰优孰劣，可以说有多少化学家，就有多少机械论哲学版本。没有任何一个科学领域能像化学那样将想象不可见机制的倾向推到最荒谬的极端。很难看出机械论哲学对作为科学的化学的进步做出了贡献。

机械论化学的确取得了一项成就。它引导化学进入了自然科学的界限。在 17 世纪初，化学通常并不被视为自然科学的一部分；它顶多是一种服务于医学的技艺，在最坏的情况下则是神秘的故弄玄虚。而到了 17 世纪末，化学家在欧洲的科学协会中占据着崇高的地位。毫无疑问,机械论化学在这种变化中扮演着重要角色。它以科学界可接受的方式来表述化学,从而使化学获得了前所未有的尊敬。笛卡儿在17世纪三四十年代构造其自然体系时,几乎忽略了化学现象。如果在1700年,他可能就不敢这样做了。

第五章　生物学和机械论哲学

82

17世纪科学研究的飞速发展并不局限于物理科学。如果说最引以为豪的成就到头来是在物理科学领域取得的，那么生物学（尽管那时还未被赋予这个名称）也引起了巨大的注意，并且做出了相当多的发现。科学革命概念不仅适用于无机科学，也适用于生物科学。

在这个世纪里，新的信息洪流席卷了整个生命科学。海外探险带来了关于动植物的新知识；显微镜揭示了新的生命领域；深入的解剖学研究发现了关于被认为众所周知的东西的新信息。托马斯·莫菲特（Thomas Moffett）对蚱蜢进行分类的尝试表明，信息过量会带来危险。

> 有些蚱蜢是绿色的，有些是黑色的，有些是蓝色的。有的有一对翅膀，有的有多对翅膀；没有翅膀的跳着前行，不会飞也不会跳的就步行；有些蚱蜢腿长，有些蚱蜢腿短。有的会叫，有的不叫。由于自然之中有很多种蚱蜢，所以它们的名称几乎是无限多的，这些名称因为博物学家的忽视而不再被使用。

新知识的洪流已经超出了生物学的直接吸收能力，这表明生物学与物理学有一个重大区别。物理概念的革命主要不是新事实的问题，而是用新方式来看待旧事实的问题。而生物科学则在很大程度上见证了事实信息的巨大扩张，为后来重建生物学思想的种种范畴提供了材料。

83 在这种情况下，分类学不可避免会非常重要。加斯帕德·鲍欣（Gaspard Bauhin）在17世纪初描述了大约六千种不同的植物，而约翰·雷（John Ray，1627—1705）则在17世纪末出版的《植物通志》（*Historia plantarum generalis*）中包括了一万八千多种植物。组织这些材料需要某种分类系统。到了1750年，已有25种分类系统被提出来，此时林奈（Linnaeus）的工作标志着植物学的转折点。这些分类系统大多是人为的，正如植物学家们常说的那样，它们随便抓住一个特征作为标准分类，而不是通过考察整个植物及其天然相似性来形成所谓的自然系统。无论这些系统体现了什么缺陷，它们的确将大量物种成功地组织成可处理的模式，从而为18世纪更伟大的分类学家铺平了道路。

植物学在法国人约瑟夫·皮顿·德·图尔福内（Joseph Pitton de Tournefort，1656—1708）和英国人约翰·雷的工作中达到了最高水平。图尔福内第一次对高于属的各种类别作了系统分类，把所有植物分成22纲，而纲又可分为科、属。雷确立了单子叶植物与双子叶植物（在发育阶段有一片叶子和两片叶子的植物）的基本区分。图尔福内认为属是最重要的分类范畴，并对命名法进行变革，用单字名称来表示属。雷则坚持种是最终的单位。在18世纪，林奈利用这两者提出了双名分类法，其中植物被分为属和种，这两个名称将植物完全定位在系统中。图尔福内和雷的系统都很不完善，一般认为，林奈是站在他们肩上的伟大的植物分类学家。然而，林奈对他们工作的依赖表明了17世纪博物学家的贡献。

在动物学方面，生命形态的多样性与看似令人满意的现有系统相结合，阻碍了类似的进展。植物学的成功主要局限在根、茎、叶的形态较为熟悉的植物，像藻类和苔藓这样难以归类的形态则成为未解之谜，被当作不完美的草本植物搁置一旁。而动物学则不可避免地面临着多种多样的动物形态，比如四足动物、鸟类、爬行动物、鱼类、贝类和昆虫，以及17世纪增加的微生物。但幸运的是，古代有亚里士多德这样一位分类者将杂乱归结为秩序。毫无疑问，亚里士多德体系的存在有助于解释这样的事实：17世纪对动物分类学的关注远不如植物分类学，动物学要摆脱亚里士多德的分类还要等上一个世纪。 84

传统对动物学的重压可见于1599年到1616年间出版的阿尔德罗万迪（Aldrovandi）的大部头著作——总共有十卷对开本、七千多页。不过，其中的渊博学识大多不是独创。在关于马的294页内容中，只有三四页论述了马的动物学特征，其余页则汇编了前人关于马的性情、好恶、在战争中的使用等方面所说的一切。阿尔德罗万迪不加质疑地沿用了亚里士多德的分类。虽然约翰·雷试图通过使用循环系统与呼吸系统的比较研究来改变对多血质动物（我们会说脊椎动物）的分类，但他最后分出的五个类别与亚里士多德的分类其实是一样的。尽管后来表明，亚里士多德的动物分类存在着各种缺陷，但它的确把知识组织成可理解的模式——就像植物系统一样，它们因为继承的较少而更有原创性。

分类学为生物学知识的组织提供了广泛的框架。在这个框架中，各种生物学问题都得到了详细的研究。对个体器官的研究填补了维萨留斯（Vesalius）及其继承者在16世纪建立的人体解剖学构架。今天的解剖学中有许多名称都是为了纪念17世纪研究者的工作的，比如格利森氏囊（Glisson's capsule）、马尔皮基氏小体（Malpighian bodies）、华顿氏管（Wharton's duct）、西耳维厄斯氏导水管（aqueduct of Sylvius）、布鲁纳氏腺（Brunner's glands）等等。很少有外行听说过如此命名的器官，这表明了17世纪的解剖学所达到的深度。解剖学研究也并不局限于人体。在17世纪下半叶，克劳德·佩罗（Claude Perrault）、爱德华·泰森（Edward Tyson）等人对其他物种也作了类似的详细研究。马切洛·马尔皮基（Marcello Malpighi）的《论蚕》（*Dissertatio de bombyce*，1669）[①]第一次对昆虫的内部构造作了成功的研究。比较解剖学固然在85 17世纪才初露端倪，正如分类学家未能完善亚里士多德的分类所证明的那样，但无论显得多么犹豫不决，开端毕竟是开端，比较解剖学的历史可以追溯到科学革命时代。

在17世纪，没有任何东西比1624年显微镜的发明更有助于生物学研究。显微镜之于生物学就如同望远镜之于天文学。如果说伽利略对木星卫星的发现激发了欧洲的想象力，那么显微镜所作的揭示则产生了更强的刺激：不是我们之上，而是我们周围和我们内部存在着完全未知的生命层次。“我用显微镜来观察蜜蜂及其所有器官，”弗朗西斯科·斯泰卢蒂（Francesco Stelluti）在第一本关于显微观察的著作中惊呼，“并将我由此发现的所有肢体分

① *Treatise on the Silkworm.*

别画出来，这让我又惊又喜，因为亚里士多德和其他任何博物学家都不知道它们。”斯泰卢蒂显微镜的放大率约为5倍，而到17世纪末，安东尼·凡·列文虎克（Anthony van Leeuwenhoek）则使放大率接近300倍，观察到了斯泰卢蒂做梦也想不到的生命形态（参见图5.1）。甚至连乔纳森·斯威夫特（Jonathan Swift）的冷嘲

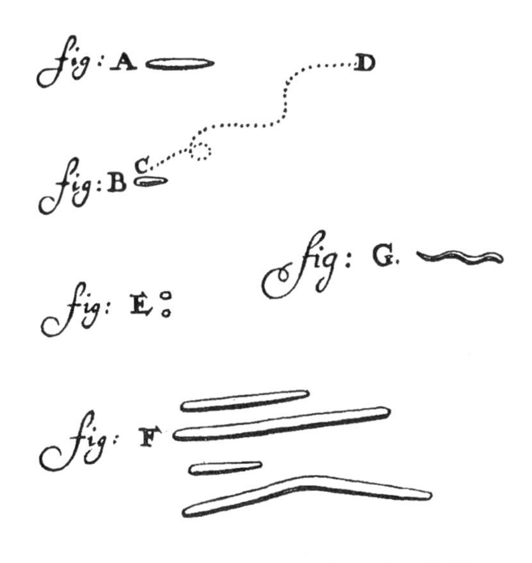

图5.1　列文虎克画的人的口腔细菌图

热讽也反映了他所引起的轰动：

86

博物学家说，
跳蚤身上有更小的跳蚤在折磨它们。
它们还有更小的跳蚤在咬它们，
如此以至无穷。

17世纪下半叶是显微镜的英雄时代；在19世纪30年代以前，早期观测谈不上有什么改进，也很少有什么东西与之相当。列文虎克（Leeuwenhoek，1632—1723）脱颖而出，成为英雄中的英雄。他使用的是单透镜，即比显微镜放大能力更强的玻璃珠，所实现的放大倍数领先一个多世纪。斯威夫特所说的跳蚤身上的跳蚤是指在雨水中观察到的列文虎克的微动物，纤毛虫和轮虫。“当这些微动物（*animalcula*）或活的原子动起来时，它们伸出两个小触角不停地移动。两个触角之间是平的，身体的其余部分则是圆的，临到尾部变得尖了一点，尾巴接近全身长度的四倍，厚度如蜘蛛网（在我的显微镜下）；其末端呈球状，大小与身体相当。”他还观察到了精子，发现了血球——“扁平的卵形微粒在清澈的液体中游动”。这些观察结果要过一个多世纪才能得到改进，所以认识到它们的全部意义也要等待同样的时间。此外，它们还为生物知识库作了宝贵的增补。

随着机械论哲学的影响扩展到亚里士多德主义的最后一个堡垒，生物学知识的巨大扩展——物理知识的扩展完全无法与之相提并论——伴随着对生命本质的重新思考。威廉·哈维（William Harvey）和笛卡儿都在17世纪的生物学思想中扮演着重要的角色，对两个同时代人进行比较，可以揭示出生物学与机械论哲学之间关系的复杂性。

在英格兰的医学教育仍然原始的时代，1600年威廉·哈维（1578—1657）前往帕多瓦攻读医学学位。帕多瓦是欧洲最重要的医学中心，维萨留斯曾在那里进行解剖和讲课。哈维逗留期间，在帕多瓦追随维萨留斯的著名解剖学家以法布里修斯（Fabricius of Aquapendente)为代表。半个世纪的认真研究所给出的结果，使哈维对心脏的功能和运作产生了怀疑。

根据流行的盖伦生理学，肝脏是身体的主要器官(见图 5.2)。87 在这里，食物被第一次加工，转化为血液。充满自然精气(natural spirits)的血液经由静脉系统从肝脏流向身体的各个器官和部位，作为食物被吸收。部分血液进入心脏的右心室，透过将两个心室分隔开来的隔膜中的孔隙进入左心室，伴随着从肺部进入的空气，在这里被第二次加工。产生于左心室并且被动脉系统传送到全身的是生命精气(vital spirits)，这种流体不同于血液，因为血液来自食物。部分生命精气升至大脑，在那里被第三次加工，转化为动物精气(animal spirits)，并通过神经传送出去。

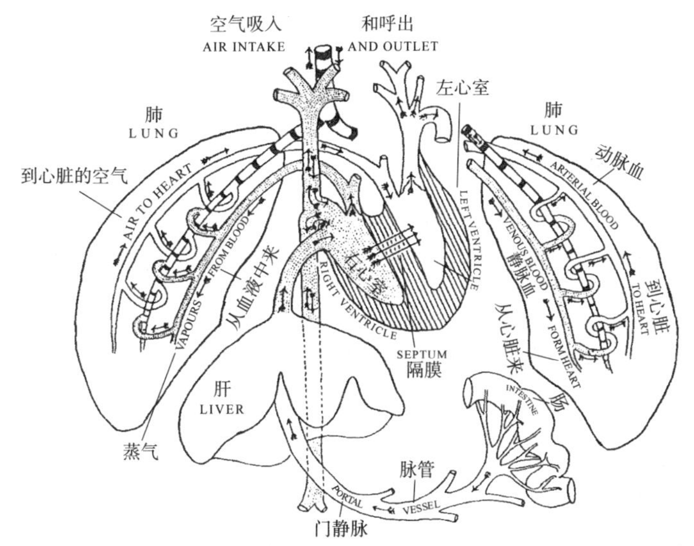

图 5.2 根据盖伦学说绘制的心脏和血管作用图。右侧附图是根据赛尔维特学说绘制的肺循环图。

以上简要总结了盖伦的生理学，它之所以能占据支配地位，部分是因为它是用一些在前机械论时代可接受的观念来表达的，部分是因为它为各个器官指定的功能符合解剖学事实。或者更确切地说，在维萨留斯试图找到隔膜中的孔隙但未果之前，这些功能符合解剖学事实。在维萨留斯之后，其他人也没能找到这些孔隙。好在另一项发现使得只需很小的修正就能拯救盖伦的生理学。解剖学家发现，血液是经过肺部从右心室流向左心室的。既然隔膜通道被认为是封闭的，确立这一点的人认为肺传送是另一种可能的途径。静脉和动脉系统仍然是分离的，每一个系统都把某种独特的液体传到身体各部。盖伦的生理学本质上未被改变。

88

法布里修斯发现的静脉瓣也没有对盖伦的生理学构成挑战。我们称这些膜状结构为“瓣膜”，说它们可阻止血液流向四肢。法布里修斯称之为“小门”（ostiola），并认为它们只是阻止血液朝那个方向流动，减轻血液过度的力量以使静脉的软壁不致破裂，减慢血液的速度以使肢体得到滋养。

在帕多瓦流行的亚里士多德的学说影响了哈维。在生理学上，亚里士多德认为心脏是首要的，这与肝脏在盖伦的生理学中占据首要位置相反。17世纪初的亚里士多德主义者时常在交谈中把人体中的心脏比作宇宙中的太阳。赋予生命的热来自这两者。太阳围绕地球的圆周运动在宇宙过程中起着重要作用。难道心脏不该有类似的循环吗？虽然“循环”一词有各种各样的含义，但在这个时期的文献中，将循环与心脏联系起来是很常见的。人们将循环等同于一种周期性的往复运动，比如收缩和舒张。与蒸馏有关的化学含义表明，血液在心脏中被加热，在肺部凝结。

哈维的本质洞见是将循环概念应用于现已确立的解剖学事实，并坚称应当认识到循环的机械论含义。他先是扭转了对心脏运动的公认理解。通过观察活体解剖中的狗（当我们阅读 17 世纪生理学家的著作时，我们有时会惊讶犬类竟能幸存下来），特别是观察临死前的狗（其心脏跳动速度变慢，心脏的运动也更容易辨别），他判定心脏的主动运动是收缩。心脏收缩时，他会感到心脏紧张，心脏收拢时，心尖会向外冲击胸壁。而盖伦的生理学则认为，心脏的运动是舒张。心脏舒张时，会吸入一定量的血液。这种吸引不是用类似于真空泵的那种机械论方式来理解的，而是用类似于文艺复兴时期自然主义的那种共感方式来理解的。哈维坚持认为这种观念是错误的。“心脏的固有运动不是舒张，而是收缩”。

89

进一步的问题立刻出现了：血液在心脏中发生了什么呢？每个心室入口处的瓣膜使得血液无法经由它进入的通道流出；出口处的瓣膜也使血液一旦流出就无法再次进入（见图 5.3）。瓣膜一次次地重复同样的动作，每一次动作都会涌入一些新的血液。当然，来自右心室的血液是经由肺部进入左心室的。那么，从左心室压出去的血液又发生了什么呢？除了坚持心脏必然是机械论的，哈维又增加了 17 世纪科学的一个典型论证。通过测量一个解剖后的心脏的能力，他断定一个心室可容纳超过两盎司的血液；为保险起见，他假定其最大容量为两盎司。假设每一次收缩可以排出四分之一的血液；为保险起见，他把它设定为八分之一。假设半个小时内心脏跳动了一千次——同样是一个有意放低的数值。根据我们目前的资料，哈维计算出的心脏排放量不到真实数量的百分之三。但没关系；他的目的不是测量本身，而是这个被有意低估的定量论证的辩论价值。通过简单的计算，他表明即使在低估的情况下，心脏在半小时内排入动脉的血液量也多于人体的血液总量。除了经由通过另一条路线回到心脏，血液还能去哪里呢？

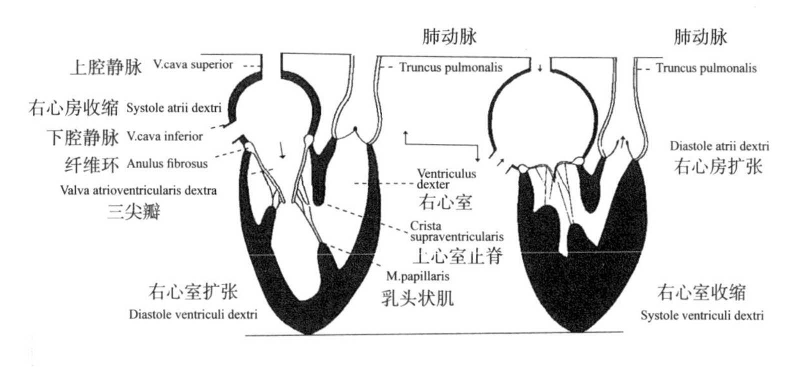

图 5.3　一张现代的图显示了右心室瓣膜在舒张和收缩过程中的动作

90　哈维已经论证了血液循环的必然性。问题在于如何证明血液循环是一个事实。由于没有显微镜，他无法观察到连接动脉系统与静脉系统的毛细血管。然而，通过在自己身上做的一个巧妙实验，哈维得以表明血液的确从动脉流向了静脉。他用绷带紧紧系住自己的手臂，从而切断了静脉和动脉。这时手臂渐渐变冷，但并未变色；绷带上方的动脉鼓胀起来并且有节奏地跳动。他松开绷带，让动脉恢复畅通但静脉仍处于阻断状态，此时新鲜血液流过手臂，他感到一阵暖流。手臂立刻变成紫色，绷带下方的静脉明显鼓胀起来。下臂静脉中的血液不可能来自仍处于阻断状态的静脉系统，而必定来自动脉。

哈维对血液循环的证明的本质在于注意到了血管系统的机械必然性。在这个问题上，17 世纪学者自发的机械论思维模式可以为生物科学提供帮助。心脏的功能就像一个泵，推动液体在一个闭合的管道回路中流动，此系统让人联想起，让17世纪君主赞叹不已的精心设计的喷泉是由水工建筑物运转的。正如他在一段讲义中所说，

由心脏的结构可以清楚地看出，血液经由肺部被不断送入主动脉，就像通过两个水阀把水喷射出来一样。

哈维在这本阐述血液循环的书中还把心脏称为"生命的开端"。

正如太阳可以被指定为宇宙的心脏，所以心脏是小宇宙的太阳；因为正是凭借心脏的力量和搏动，血液才得以运动、完善、易于滋养并且免于腐败和凝固；它是主宰的神，通过执行其功能，滋养、抚育着整个身体并使之富有活力，它的确是生命之基础、所有作用之源。

哈维虽然把心脏看成一个泵，但并没有把它仅仅看成泵或主要看成泵。血液循环虽然是一部精心设计的机器的机械效应，但却服务于一个非机械的目的。血液循环使我们想起了蒸发和降雨的循环，后者所效仿的乃是产生了所有生物的"高级物体的循环运动"。 91

因此，它极有可能遍及全身，通过血液的运动，身体的各个部位被更加温暖、完美、轻柔、含有精气和营养的血液所滋

养、抚育和变得富有活力；而血液与这些部位接触时，则变得冷却、凝固和缺乏活力；然而，当血液回到其主宰者心脏时，就好像回到了它的源头或者身体最深处的家，在那里恢复了其卓越或完美的状态。它又恢复了其应有的流动性，并且被注入了自然热（这是一种强大而温暖的生命财富），浸透了精气或者说香脂，然后再次分散到身体各部。

哈维是一个彻底的亚里士多德主义者，他认为血液循环体现了心脏的首要性。但与亚里士多德不同，哈维坚称血液也起着重要作用，心脏和血液共同形成了一个功能体，这是生命的基础，与机械论和物质毫无关系。血液是一种精神物质。

对自然来说，灵魂由星星的本质所控制，与精神一同被囚禁，换句话说，灵魂与天有些类似，是天的工具，与天相应。

在对动物生殖的研究中，哈维曾经指出，血液的一个搏动点是胚胎中生命的第一个迹象。死亡时，血液的悸动是最后一次生命活动——“自然在死亡时重行她的脚步，回到她出发的地方，在行程结束时回到她开始时的目标。”

因此，无论是对于亚里士多德还是哈维，循环都有着多方面的意义。它再现了循环再生，这是宇宙万物得以维系的手段。哈维认为，出生、繁殖和死亡的循环更替从另一种角度反映和体现了地上万物生灭所遵循的永恒轨迹。通过不断完成这一循环，各个物种得以永恒存在：

> 从鸡到蛋，再从蛋到鸡，这个过程永远持续下去，从衰弱有朽的个体中产生了一个永恒的物种。我们的确看到，通过诸如此类的手段，许多劣等事物或地界事物在尽力赶上永恒的高等事物或天界事物。无论我们是否承认鸡蛋中是否存在着生命本原，根据上述循环，显然必定有某种本原在影响这种从鸡到蛋、再从蛋到鸡的循环，并使之永存。

92

因此也必定有某种本原在支配血液循环。血液循环的机械必然性只表达了它的物质条件。但血液是一种精神流体，承载着生命所依赖的生命本原。真正的血液循环就是更新与衰落的循环。血液使心脏变暖和充满活力，使四肢富有生气，返回时变得凝固和缺乏活力，然后被重新恢复。血液循环在小宇宙中重复着大宇宙的生灭循环，在这个重复过程中维系着个体的生命。

当哈维的《心血运动论》(*De motu cordis et sanguinis*)①于1628年出版时，笛卡儿已经在重建自然哲学了。哈维的发现无疑引起了他的兴趣，他不可避免会以自己的方式来理解哈维的工作。血液在一个闭合回路中运行的想法必定引起了他的注意，这符合他对一个盈满宇宙中运动的阐述。因此，在哈维的著作出版十年之后问世的《方法谈》包括了对血液循环的论述，作为纯机械生理过程的一个例子。

“要理解我在这个问题上的看法可能没有那么困难，”他先是

① *On the Motion of the Heart and Blood.*

劝告说，“我建议那些不熟悉解剖学的人在开始研读这些观察之前，先要亲眼看看解剖某个长有肺的大型动物的心脏(因为它与人的心脏非常相像)。”这个建议不仅在20世纪的读者听来很奇怪，在17世纪的读者听来也是一样。对于那些找不到人为其解剖心脏并且不愿亲自动手解剖的读者，笛卡儿描述了心脏的结构，并强调瓣膜“让血液容易通过，但阻止血液返回”。他还说，心脏比身体的其他部位有更多的热量。在心脏里点燃了他所谓的“无光之火，这种火与干燥之前堆在一起的干草所产生的热，或者在新酒中引起发酵的热并无不同”。当然，他把这种发酵理解为一个机械过程。

93

部分血液进入两个心室时，“立刻变得稀薄，并且遇热而膨胀”。

> 这样一来，整个心脏开始扩张，同时压迫并关闭两条血管入口处的五个小瓣膜，从而防止更多的血液进入心脏，进入心室的血液变得越来越稀薄，然后推开另外两条血管开口处的六个小瓣膜并从中流出，使动脉性静脉和大动脉的所有分支几乎与心脏同时扩张——此后立即开始收缩，动脉也是如此，因为进入它们的血液已经冷却，六个小瓣膜也已经关闭，五条中空的静脉和静脉性动脉重新打开让其他两股血液通过，从而使心脏和动脉和以前一样再次扩张。

笛卡儿还说，必须提醒那些不理解机械论证明[①]的力量的人：

① 原文为“数学证明”，疑为“机械论证明”之误。——译者注

“我所解释的运动必然来自于身体各部分的安排，这种安排单凭眼睛就能在心脏中观察到，来自于可用手指感受到的热，来自于从经验中了解到的血液本性，就像钟表的运动来自于它的秤锤和轮子的动力、状态和形状一样。

笛卡儿既利用了哈维的发现，又系统地消除了被他视为隐秘的哈维的活力论。他在《论人》(*Traité de l'homme*)[①]中描述了一台能够执行人的循环、消化、营养、生长和感知的所有生理功能的机器。

> 我想请你考虑一下[他得出结论说]，这台机器的所有这些功能都自然地仅仅来自于其各个器官的排列，就像一个钟表或另一台自动机的运动都自然地来自于它的秤锤和轮子的排列一样；因此，要想解释它的功能，无需设想机器中有一个植物灵魂或感觉灵魂，或任何其他的运动本原和生命本原，而只需设想它的血液和精气被火所激动，这种火在它的心脏中持续燃烧，与无生命物体中的火没有任何不同。

无需设想生命本原，这是笛卡儿生理学的关键。生命本身乃是机械论世界中的陌生存在。事实上，它根本不是一个存在，而仅仅是一个需要用其他隐秘属性来解释掉的现象。　94

说笛卡儿把哈维的发现为己所用，这只说对了一半，除非我们补充说，他在这个过程中还作了惊人的删改。他决意消除任何像

① *Treatise on Man.*

生命这样的神秘的东西，坚持从已知的物理过程中导出心脏的运动；在此过程中，他把心脏比作茶壶。不仅如此，与保守的亚里士多德主义者哈维相比，这位激进的革新者的生理学代表着一种反动的倒退。哈维确立了心脏收缩的基本作用，而笛卡儿的汽化说又回到了盖伦所说的心脏舒张。诚然，他接受血液循环，但在他的系统中，离开心脏的汽化血液让人想起了盖伦的生命精气，他描述了最精细的血液微粒在大脑中分离，以形成经由神经来循环的动物精气。笛卡儿的生理学基本上是以机械论哲学重新包装的盖伦生理学。通过对生命现象的毕生思考，哈维深信，不能把生命现象归于物质解释。出于从生物学思考中根本得不出的先天理由，笛卡儿将哈维的工作庸俗化，以使之更容易地机械化。在此过程中，笛卡儿甚至抛弃了哈维对心脏运动的机械论讨论的主要要素。对于机械论哲学对生物学的贡献来说，这并不是一个好兆头。

尽管如此，笛卡儿远比哈维更能确定 17 世纪生物学研究的基调，并且发展出一个被称为医疗机械学（iatromechanics）的机械论生物学学派。生物学始终比化学更加多样，医疗机械学从未像机械论统治化学那样统治过生物学。然而，医疗机械论（iatromechanism）不仅仅是 17 世纪后期生物学中的一个因素，而是其独特的特征。

乔万尼·阿方索·博雷利（Giovanni Alfonso Borelli，1608—1679）的《论动物的运动》（*De motu animalium*，1680—1681）是医疗机械学的一部杰作。博雷利用简单机械的原理来分析各种运动，先是用于人，然后用于包括鸟类和鱼类的其他动物（见图 5.4）。比如考虑一个蹲着的人准备跳到空中。博雷利考察了需要收缩的

肌肉的位置及其与骨骼的连接。无论在这里还是在其他情况下，他的基本观点都是，肌肉的工作在机械上总是处于非常不利的境 95

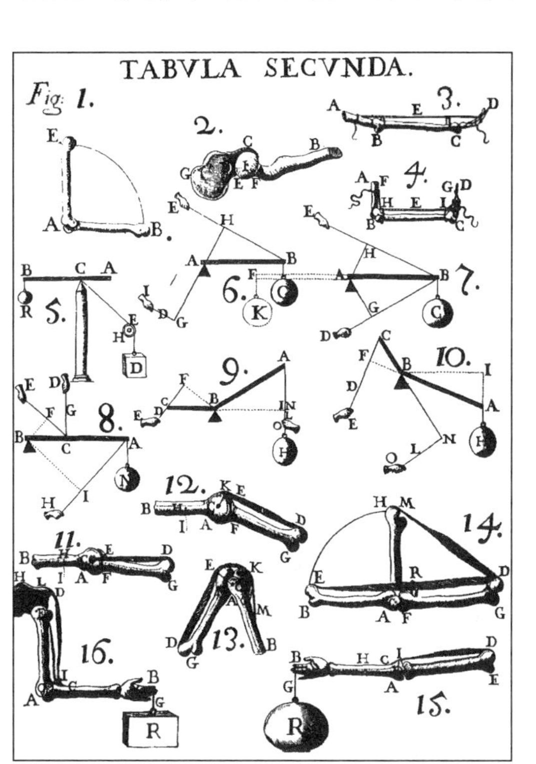

图 5.4　博雷利著作中说明被用于肌肉和关节运动的机械原理的套图

地。他把骨头当作杠杆，把关节当作支点，并且表明，提供动力的肌肉与支点靠得很近，而负重一般靠近骨头的另一端，其力臂比肌肉的力臂长了十倍多。涉及多个关节的复杂运动更是增加了这种 96 不利。因此他得出结论说，人在跳跃时，肌肉必须使出 420 倍于体重的力才能把身体拉直。他还根据一个并不十分确切的证据推论说,此人跳到空中所需的力为上述力的7倍。这样一来,一个人必须使出2900倍于自己体重的力才能跳到空中。和跳跃的情形一样,博雷利的所有分析都因为用静力学平衡来考察运动而变得无效。不过尽管如此,他愿意将静力学原理应用于人体结构,这对于生物学理解来说是一种合理(尽管不太重要)的补充。

博雷利和医疗机械学家一般来说并不满足于只思考这些有限的问题。哈维关于血液循环的发现为机械论研究开辟了一个广阔的领域。医疗机械学家们计算了血液的速度和各种尺寸的血管对血液的阻力。他们建议通过血液与动脉壁的摩擦,而不是笛卡儿的无焰之火来解释动物热。他们基于循环液体的速度构建了一种分泌理论,并认为身体中充满了可以通过尺寸和形状来分离微粒的多孔过滤器。理查德·米德(Richard Mead)博士宣称,大家普遍认识到,人体是"一台极为精巧的水力机器,其中有无数根管子得到恰当的调节和排列,以输送各种不同的液体。总体而言,健康就在于液体作规则运动以及固体处于恰当的状态,而疾病则在于它们出现了异常"。

这种对生命的看法必定会影响博物学家的观察。至少在两个生物学领域,它阻碍了对一些重要发现的理解。早期的显微学家观察到了木头的细胞结构。我们在生物学中起着重要作用的"细胞"一词,最早由罗伯特·胡克(1635—1703)在《显微图谱》(1665)中用作生物学术语。在显微镜下观察一片软木时,胡克想起了蜂巢,并且提到了他所谓的孔隙或细胞。"孔隙"一词更能表达胡克的解释。他说,它们似乎是"运送植物营养液(*Succus nutritius*）的渠道或管道，似乎对应着感觉生物的静脉、动脉和其他导管”。他甚至寻找过控制流向的瓣膜，尽管未能找到，但他认为自然应该肯定会提供这种“恰当的工具和设计”来实现自己的目的。 97

17世纪思想的整个发展方向决定了显微学家在这个发现中看到的不是最终的生命单元，而是适合运送流体的管子。将胡克的最初观察结果扩展为一整套植物生理学理论的尼希米·格鲁（Nehemiah Grew）问道："除了运送液体，导管还能作何用处呢？”另外的讽刺源自这样一个事实，即显微学家也观察到了像精子这样的单细胞生物。他们甚至做梦也想不到，这些“微动物”会与在植物中观察到的孔隙有什么关系。

关于胚胎学研究有一个复杂得多的故事。17世纪并没有从古代世界继承一种统一的生育理论，而是不同类型的生物有非常不同的理论。胎生四足动物（和人）的产生明显不同于卵生动物。昆虫被认为是从腐烂的材料中自发产生的，植物的生殖则完全是另一回事。试图以共同的方式来理解所有动物的生成，这正是血液循环的发现者、同时也是现代世界最早的大胚胎学家之一威廉·哈维的工作。他的著作《论动物的产生》（*De generatione animalium*，1651）[①]的卷首插图显示，宙斯正在打开一个卵，包括人在内的各种动物都从这个卵中产生，卵上出现了“万物源于卵”（*Ex ovo omnia*）字样，他在书中也表达了同样的思想，即“卵是所有动物的共同起源”。事实表明，经过认真检查，“卵”这个词的含

① *On the Generation of Animals*.

义极其模糊不清。对卵生动物而言,它的含义是足够明确的。但哈维从未理解我们所谓的胎生动物卵巢的功能。他所谓的鹿卵其实是胚胎已在其中发育数周的羊膜囊。对昆虫而言,它是指蝴蝶从中出现的茧。于是,他所谓的卵并不是指雌性卵巢的产物,而是指他所谓的“原基”(*primordium*),即以某种方式产生的初始质料或初始开端。这是一个非常宽泛的概念,即使连哈维并未质疑的昆虫的自发产生也足以包括进来。

不过,哈维的表述体现了相当的概括性。不论卵的含义如何模糊不清,他都试图以一种共同的模式来理解所有生殖。即使植物的种子也可以被视为一种原基。生殖的细节可能因物种而异,但对于所有物种来说,卵都是使物种得以保存的永恒生殖循环中的一个关键点。

98

在哈维看来,作为万物起源的卵是一个同质的物质点,一种内在的赋形本原塑造了它,并把它变成一个轮廓分明的个体,此个体能够最终产生一个同质的物质点,即下一代的原基。哈维在研究母鹿时,发现其子宫中没有雄性精液的痕迹,而且在交媾七个星期后才第一次看见这只鹿的卵。显然,雄性精液在生殖过程中不可能起质料作用。哈维用“传染”这个词来描述它的作用,这种非质料的影响会逗留并刺激沉睡的卵。一旦被刺激和唤醒,卵内就有了一种内在的本原和材料供它使用。哈维创造了“渐成”(epigenesis)一词来描述他观察到的小鸡孵化过程。打开一只孵化了三天的鸡蛋,他看到一个搏动的血点变成了心脏,这是第一个有待形成的器官,也是产生小鸡的其余部分所围绕的中心。渐成是对哈维活力论的自然表达,是在一种体现了物种神圣观念的赋形能力支配下的创生。

笛卡儿决心把渐成和其余的生命过程机械化。在《人体的描述》(*La description du corps humain*)[①]中,他描述了雌雄精液结合时如何发酵,以及由此产生的运动如何按照机械必然性形成了心脏、循环系统等。和我们一样,17世纪的人也认为这种说法是荒谬无稽的,伽桑狄所提出的另一种胚胎学则赢得了更多的认可。对伽桑狄来说,基本的生殖行为就是产生种子。对于植物和动物来说,微小的种子中包含着来自个体所有部分的微粒。虽然他有时会谈到种子中的灵魂,但由于灵魂本身是由以太物质组成的,所以这并不会冲淡这种说法的本质机制。生殖的控制因素是相似者的彼此吸引,这种想法不禁让人想起文艺复兴时期的自然主义,但似乎能够翻译成和谐的形状和运动。在种子中,相似的微粒(源于相同的部分)聚集在一起,并从可用的食物中吸引其他相似的微 99 粒。因此在某种意义上,生殖的产物已经存在于种子中。正如伽桑狄所说:"种子包含着这个东西本身,但包含的是它尚未展开的雏形。"

"预成"一词是与这种生殖概念联系在一起的。"渐成"将生殖视为一种创造性的过程,在此过程中,赋形力量(formative virtue)塑造和改变了呈现给它的材料,从同质性中产生了异质性。而"预成"则主张异质性必定从一开始就存在,生殖仅仅是其演化(evolution,字面意思是展开)或发展(development,字面意思是从包裹中出现或移去覆盖物)的过程。"异质性"是原子论者很容易

① *The Description of the Human Body.*

理解的一个术语，原子论者同样认为它从一开始就以不同形状的微粒的形式存在。不仅在胚胎学中，而且一般来说，机械论哲学也把所有个体事物的形成视为一个过程，通过这个过程，预先存在的合适微粒被结合在一起。笛卡儿将渐成论机械化的尝试明显失败了，而预成论则为不可接受的赋形力量的观念提供了一个机械论替代方案。

马切洛·马尔皮基（1628—1694）也许是17世纪最伟大的胚胎学家，他详细阐述了伽桑狄的论述。通过完善一种从刚打开的鸡蛋去除疤痕并将其铺展在玻璃上的技术，马尔皮基将显微镜引入了胚胎学。鸡蛋孵出之后仅仅6个小时，他就辨认出了头部区域和脊椎。12小时后出现了脊椎骨的轮廓。第二天，他看到了跳动的心脏，而哈维在没有显微镜的情况下直到第四天才看到。除了心脏，马尔皮基还看到了头和开始萌生的眼睛。他宣称，自然主义者曾试图发现各个部分在不同阶段的产生；“当我们仔细研究动物从卵中的产生时，我们在卵中看到了已经几乎形成的动物。”

马尔皮基研究小鸡的产生时，已经在植物和蚕的研究方面积累了丰富的经验。在蚕中，他发现蝴蝶的翅膀和触角已经作为雏形存在于毛虫体内，而在嫩芽中，他发现了“尚未展开的植物的雏形”。因此，他的思想从一开始就倾向于在鸡蛋中寻找小鸡。不过，它是作为雏形存在的。他谈到了囊泡，不同的器官在其中发育出来。作为筛子的膜将囊泡与鸡蛋的其余部分隔离开来，囊泡“可接受适当的物质，这些物质在器官的构造过程中被消耗掉”，当囊泡被连接在一起时，动物的结构就出现了。显然，多孔膜的过滤作用是对伽桑狄所说的相似者彼此吸引的翻译，就像他的“雏形”一

100

词是对伽桑狄说法的重复一样。

马尔皮基主要是一个技巧娴熟的观察者，而其他人则更关心系统化，在他们那里，马尔皮基预成论的微妙细节被抛到九霄云外。斯瓦默丹（Swammerdam）声称，并非蛋变成了鸡，而是“已经形成的部位通过扩展而长成了鸡”。他补充说：“自然之中没有任何繁殖，只有各个部位的延伸或生长。”既然自然之中没有任何繁殖，那么蛋本身就不可能生成。鸡在蛋中预先形成，鸡中也有预先形成的蛋，当然在那些蛋中也有预先形成的鸡及其预先形成的蛋。

因此博物学家说，在卵中，……

在17世纪末，胚胎学产生了“套装”（*emboîtement*）理论，比如它主张，整个人类已经存在于夏娃中。

套装理论既然包括鸡，也包括夏娃和人类，这是因为当时有进一步的发现似乎确证了预成论。1667年，尼古拉斯·斯泰诺（Nicholas Steno）在胎生生物狗鲨中发现了充满卵子的卵巢。5年后，莱尼尔·德·赫拉夫（Regnier de Graaf，1641—1673）在兔子、狗、牛和人的雌性睾丸（当时的用语）中发现了囊泡（vesicles）。他认为这些囊泡就是卵子，并断言所谓的睾丸实际上是卵巢。他用怀孕的兔子作了一系列卓越的实验，发现子宫中胚胎的数目与卵巢黄体——排卵后囊泡留下的黄体（*corpora lutea*）——的数目总是相等的。虽然德·赫拉夫误把囊泡当成卵子（哺乳动物的卵子非常小，直到19世纪才被观察到），但他对他所发现事物的解释本质上是正确的，我们至今仍以“格拉夫氏卵泡”（Graafian follicle）的名字来纪念他。哈维的格言现在获得了一种新的更确切的含义；胎生哺乳动物的确是从卵中生出来的。在研究卵的生成的过程中，预成论已经建立起来。卵源论（ovism），既万物源于卵的学说，似乎给了预成论强有力的支持。

卵源论无可置疑的统治地位持续了整整五年。然而，显微镜所给予的东西也被显微镜所剥夺。1677 年，列文虎克观察到了精子（见图 5.5）。

101

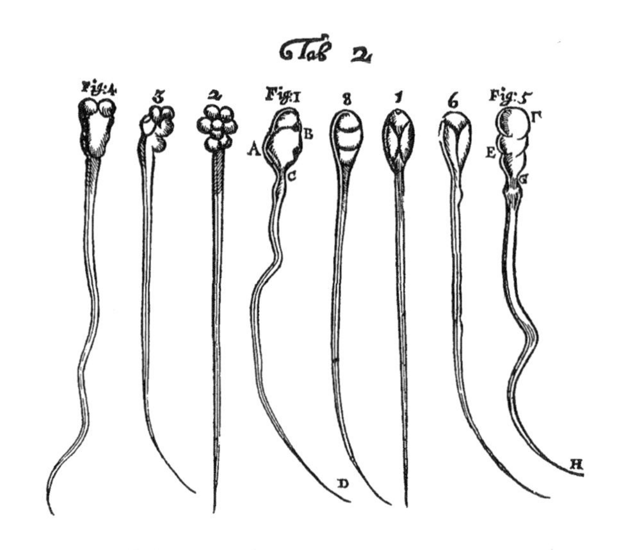

图 5.5 列文虎克所画的精子。1-4 是人的精子，5-8 是犬的精子

这些微动物（*animalicula*）的尺寸比红血球还小，所以我估计一百万个微动物的大小也不及一颗大沙粒。它们身体为圆形，前面钝，后面尖，并且长有一根细长而透明的尾巴，长约身体的五六倍，厚约身体的二十五分之一，因此其形状很像一

个根须很长的小萝卜。它们靠尾巴摆动而前行，就像鳗鱼在水中游动一样。

现在看来，卵源论是一个极大的错误。被动的卵只不过是真正的生殖动因的食物罢了，而真正的生殖动因乃是那些明显充满活力的“微动物”，或者列文虎克所谓的雄性精液中的“精虫”。瑞典医生尼克拉斯·哈特索克（Niklaas Hartsoeker，1656—1725）认为这个新学说更符合男人的尊严。根据他的计算，原始的卵将比注定要在6000年后（那时创世时间常被定为公元前4004年，所以他将夏娃与他自己那一代进行比较）受精的卵大10^{30000}倍，从而表明卵源论是荒谬的。 102

也许有人以为，精源论（animaculism，这是当时这种新学说的名称）摈弃了预成论。其实大谬不然。使预成论吸引卵源论者的那些因素同样吸引精源论。哈特索克虽然表明了卵源论的荒谬性，却没有看到精源论也面临着同样的问题。

可以说，每一个动物都以实际和微缩的形式在娇嫩的薄膜中包含着一个同样种类的雄性或雌性动物，正如在精液中发现了精子一样。

哈特索克甚至发表了一幅图，显示一个小人儿（homunculus）蜷缩在精子头部（见图5.6）。作为讽刺性的回应，法国医生弗朗索瓦·德·普朗塔德（François de Plantade）也发表了一幅类似的图，讲述了他如何在剥去其外皮的过程中观察到一个小人儿。

他清楚地露出了两条腿、大腿、腹部、双臂；薄膜上拉，给他整了一个兜帽状的发型。他赤身裸体，所以一动不动。

可惜这个讽刺不起作用，普朗塔德的画被认为确证了哈特索克的观点。

我们阅读17世纪后期胚胎学家的著作时，必定会感到困惑。他们对于人类了解生殖居功至伟。他们不仅发现了精子和几乎发现了哺乳动物的卵子，还有效地反驳了一种流行观点，即蠕虫、昆虫和小动物是自发产生的，并且显示了植物的性征。弗朗切斯科·雷迪（Francesco Redi）做了对照实验，发现苍蝇可以叮的腐肉中会生虫，而密封的样品中却没有生虫。他的结论是，这些蠕虫并非自发产生，而是产于肉中的卵长成的幼虫。对植物而言，鲁道夫·雅各布·卡梅拉留斯（Rudolf Jakob Camerarius）表明，种子需要从雄蕊中获得花粉才能成熟。他认识到，花粉类似于雄性的精液。就这样，生物科学被置于一种包含所有生命形态的一般生殖理论的范围之内。然而，预成论无法令人满意地解释一个最明显的生殖事实，即后代可以而且的确继承了双亲的某些特征。

103

我们很容易得出这样一个结论：机械论哲学认为生殖仅仅是预先存在部分的展开，所以机械论哲学介于17世纪的胚胎学和理解其自身的发现之间。在我们接受这样一个结论之前应当回想一下，拥护活力论和渐成论的哈维也是卵源论者，他否认雄性精液对于胚胎有任何贡献。出于与机械论哲学家几乎完全相反的理由，即断言生殖的非物质性，哈维认为精液与卵子不可能有物质接触。

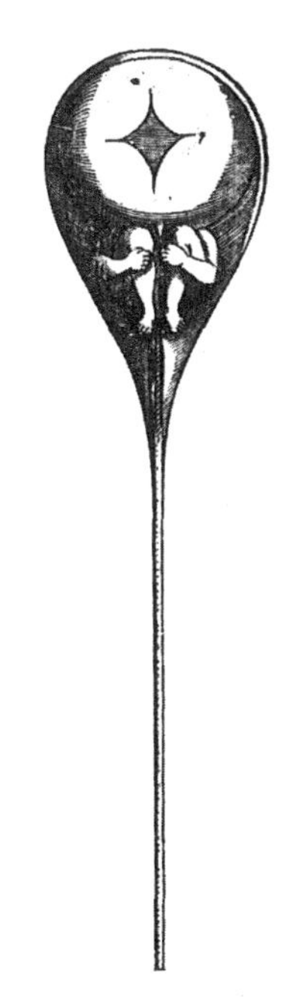

图 5.6　哈特索克所构想的精子中的小人儿

机械论哲学不仅阻碍了对新发现的理解。在意识到 17 世纪的发现至关重要之前，还需要对生命过程有大量额外知识和理解，而后者直到 19 世纪才出现。我们还要记住，胚胎学的发现以及整个生物学领域的其他许多发现，其实是在机械论哲学主导科学思想时做出来的。无论它的范畴多么不适合生物学理解，它并不妨碍生物学知识的大大扩展。 104

另一种需要抵制的倾向是把医疗机械学家看成早期的生物物理学家和生物化学家。医疗机械学并非源于生物学研究的要求，它更多是机械论哲学的入侵所建立的傀儡政权。在个别问题上（血液循环是一个典型的例子），机械论的思维模式，即能在生命过程中看到机械必然性，可以引出新的见解。但哈维本人是活力论者，而非机械论者。在大多数情况下，医疗机械学都与生物学毫不相干。它并不妨碍做出重要的详细观察；它对理解所看到的东西几乎没有任何贡献。生物学过程是微妙而复杂的，而17世纪的机械论哲学本身却是粗糙的。最重要的是，它缺乏一种复杂的化学，事实表明，这种化学乃是沟通物理科学与生物科学的一个先决条件。我们惊讶地发现，机械论解释竟然被认为足以说明生物学事实，而实际上，医疗机械学没有做出任何有意义的发现。

第六章　科学事业的组织

105

17世纪的学者并不仅仅对科学概念作了重新表述，即使是概念的重新表述也非常激进，足以称之为“革命”，就像我们经常看到的那样。作为一种有组织的社会活动的科学也出现了。更早的时期显然有很多科学活动。然而在17世纪以前，很难把科学与哲学区分开来，把许多人称为科学家也同样困难。莱布尼茨这样的人物的存在表明，对我们现在所说的科学的划分在17世纪末还远未完成。不过到了那个时候，我们会毫不犹豫地把西欧的少数人甚至许多群体称为科学家。而且，他们并非在孤立地工作，一些有组织的社团使之能与许多有同样追求的人进行有效的交流。在先知们曾经踏足的土地上，现在建立起一个有组织的教会。

20世纪惊奇地发现，“大学”一词并没有出现在那座教会的名称中。我们习惯于认为大学是科学研究的主要中心，或至少是主要中心之一。中世纪也有类似的情况，包括科学在内的几乎所有思想活动都位于大学的围墙内部。而17世纪的情况则有根本不同。不仅欧洲的大学不是科学活动的中心，不仅自然科学必须独立于大学发展出自己的活动中心，而且大学还是反对现代科学所构建的新自然观的主要中心。

106

要想理解欧洲大学与现代科学的关系，就必须记住它们所处的环境和职能。13世纪获得的亚里士多德哲学著作有效地把大学变成了学术中心。从一开始，大学就致力于对亚里士多德进行阐释和扩充，欧洲学术界期望通过维护他的哲学来获得既得利益。大学也一直和天主教会有联系。教会是保存学问的主要场所，所以大学很难独立于教会存在。教会并没有将自己的意志强加于外面的机构；恰恰相反，教会把大学造就成一个社会最重要的学术机构，否则社会就不会有大学这样的机构。在欧洲大学任教的所有老师都是神职人员，大部分学生都在为教会职业做准备。在中世纪的大学里，亚里士多德"受洗"成为基督徒，并且被冠以无数论著中所称的"那位哲学家"(the philosopher)之名。到了1600年，大学的基本特征很少发生变化。文艺复兴的影响力已经明显将其他经典作家引入了课程，但大学并不是人文主义学术的中心。在新教地区，大学渐渐服务于其他教派而没有发生进一步的显著变化。由于贵族子弟希望接受文雅的教育，大学单单培养神职人员的性质开始减弱，但其教会职能并没有消失。于是在1600年，大学里聚集了一批训练有素的学者，他们不太欢迎现代科学的出现，而是把它当成对健全的哲学和天启宗教的威胁。

伽利略可以作为科学与大学之间关系的一个例子。他的职业生涯是从担任比萨大学的数学教授开始的，1592年，他转到意大利最重要的大学帕多瓦大学担任了类似的教席。在整个16世纪，帕多瓦大学一直是一个科学学术中心，那里多位哲学家的逻辑学著作为科学方法的哲学基础做出了重大贡献。他们的工作牢固地建立在亚里士多德逻辑的基础之上，并没有对这个流行的传统发起挑战。而伽利略关心的不是逻辑，而是宇宙论和力学，正如我们

所看到的,他的工作突破了亚里士多德主义科学的框架。伽利略 107
在帕多瓦任职 18 年,这是他一生中最有创造力的时期,在此期间他建立了力学体系,并用望远镜帮助摧毁了亚里士多德的天界结构。但最终,他离开帕多瓦去了佛罗伦萨,不是作为大学教授,而是作为托斯卡纳大公的数学家,出版了他的伟大作品《关于两大世界体系的对话》和《关于两门新科学的谈话》。此举对于 17 世纪来说具有象征意义。除了一些医生,几乎没有哪位顶尖的科学家担任了大学教席,科学革命的发生与其说是因为大学,不如说是因为没有大学。如果说伽利略离开帕多瓦具有象征意义,那么同样有象征意义的是,他在罗马受审背后的主要推动力并非来自教会的神学家,而是来自那些顽固的学者,后者认为伽利略致命的反亚里士多德主义威胁到了他们在"唯一哲学家"那里的既得利益。

如果说大多数顶尖科学家都在大学以外工作,那么并非所有人都是如此。其中最伟大的人物是艾萨克・牛顿,他整个富有创造力的时期都在剑桥大学任卢卡斯数学教席。在担任卢卡斯教授期间(以及任职前的五年里,那时他也在剑桥大学),牛顿发现了微积分、白光的组成和万有引力定律。尽管如此,牛顿的例子并不违反 17 世纪的大学并非科学活动中心这一断言。牛顿确实未曾遇到伽利略所面对的敌意,17 世纪末的剑桥也并非 17 世纪初的帕多瓦。然而,作为一名科学家,他在大学的教育生活中并没有扮演重要角色。在论文发表之前,牛顿在讲台上阐述了自己在光学和力学方面的发现。没有任何证据表明这些讲座得到了理解或引起了什么反响,倒是有些迹象表明,听众们可能经常对其充耳不闻。的确,情况还能如何呢?标准课程中没有任何内容能让本科生听懂他的讲座；作为教学方法的支柱，学院的导师制所针对的是完全不同的目的。今天的一位诺贝尔奖获得者向美国大学新生讲解他的研究成果，会比牛顿向17世纪的剑桥本科生宣布他的发现显得更协调。虽然他在大学中备受尊重，而且在光荣革命之前，他是抵抗国王颠覆剑桥的一位领导者，但作为科学家，牛顿在剑桥实际上是孤立的。与伦敦皇家学会的联系使他的成果得以发表，而剑桥却没有任何类似的激励。

108

在接受新科学方面，英国大学与其他大学相比毫不落伍，而是与欧洲任何大学一样先进。1663年，剑桥设立了卢卡斯数学教席。牛津则比剑桥大学早了近半个世纪。亨利·塞维尔（Henry Saville）爵士在1619年捐资设立了几何学和天文学的教授职位（当然叫塞维尔教席），两年后，他的女婿设立了塞德利自然哲学教席。在17世纪，拥有这些职位的基本上都是有才能的人。我们已经看到，牛顿并没有使剑桥成为一个科学中心，牛津的塞维尔教授们也是如此。与此同时，整个17世纪都笼罩着一种气氛，谴责大学强调继续以传统学问为主导，对于那些强加指责的人来说，传统学问似乎是空洞而无意义的。值得注意的是，17世纪几乎所有重要的科学家都出自大学，但科学并没有真正渗透到大学的教室或课程中。到了17世纪末，始于中世纪的传统课程仍然没有被系统地取代。

欧洲大陆的情况和英国大学差不多，在大多数情况下更是如此。由于主要的学术席位都被有效地禁止从事新科学，科学运动只有建立自己的机构。这些机构不是教育机构，而是使科学成为既是思想现象又是社会现象的组织。17世纪见证了科学社团的诞生。

已知最早可以被称为科学社团的组织是猞猁学院（Lynx Academy），17 世纪初，它在罗马活跃而有影响力。伽利略是猞猁学院的成员，他在《两大世界体系的对话》中让其代言人萨尔维亚蒂提到"院士"，其实是在表明自己的猞猁学院成员身份。猞猁学院在结构上并不正式，组织模式上效仿了意大利人文主义者中的文学群体。一批志同道合的朋友聚集在这里讨论自然哲学问题。1630 年前后，猞猁学院被解散。17 世纪中叶，在美第奇公爵的赞助下，又在佛罗伦萨建立了一个类似的团体。顾名思义，西芒托学院（Accademia del Cimento，字面意思是"实验学院"）致力于对当时的自然哲学问题进行精确的实验研究。它比猞猁学院更有组织，主要是共同进行实验，并把成果发表在《自然实验论文集》（*Saggi di naturali esperienze*，[1] 1667）的文章中。 109

在西欧的其他国家，17 世纪上半叶也出现了类似于猞猁学院的非正式群体。小兄弟会的托钵修士梅森（Mersenne）神父成为许多法国学者的中心，这些学者在 17 世纪中叶的一段时期确定了欧洲科学的前进步伐。梅森是个勤于写信的人，他不仅成为法国科学的交流中心，也成为欧洲科学的交流中心。正是通过他，伽利略的工作才被介绍到北欧。事实上，梅森负责在荷兰首次出版了《关于两门新科学的谈话》，当时伽利略被宗教裁判所软禁在家，不敢自行出版此书。几年后，梅森又传播了托里拆利真空实验的消息。他鼓励帕斯卡做实验，并且帮助出版其数学著作。梅森还是

① *Essays of Natural Experiments.*

笛卡儿与学术界进行交流的主要渠道。当笛卡儿撰写其形而上学论著《第一哲学沉思集》(*Meditations on First Philosophy*)时，梅森将其副本分发给当时的主要哲学家，使它在首次出版时附有七组反对意见和笛卡儿的答复。说梅森自己就是一个科学社团并不为过。

1635年由黎塞留(Richelieu)创建的法兰西学术院(*Académie française*)为法国文学提供了一种组织工具，并且为法语的纯洁性提供了防御盾牌，此后，法国科学界开始感到有必要建立一个更加正式的组织。阿贝尔·德·蒙莫(Habert de Montmor)是一位富有的赞助人，蒙莫学院(Montmor Academy)就在他家聚会。伽桑狄一直主持聚会，直到去世。17世纪50年代，这里渐渐成为法国科学的活动中心。

蒙莫学院有一次会议对早期非正式团体的功能具有指导意义，科学社团由此最终成长起来。1658年，会上宣读了当时刚刚步入职业生涯的年轻克里斯蒂安·惠更斯所写的一篇论文，这篇论文揭示了土星的形状，提出有环围绕着土星。这次会议是一件110 大事。出席会议的有政府官员、出身高贵的修道院院长和索邦大学的博士们，纯粹的科学家能在后排找到座位就不错了。也就是说，早期的非正式社团既致力于促进研究，也致力于宣传。一种新的自然观和人在自然中位置的新观念正在形成。它挑战了常识以及亚里士多德主义哲学对常识所作的复杂表述，亚里士多德主义哲学是每个受过教育的人都了解、大多数人都接受的哲学。也许早期社团最重要的功能就是把新的自然观当作一种可行的选择方案，介绍给受过教育的公众。伽利略《关于两大世界体系的对话》

中三个人的讨论已经铭记了这种功能，蒙莫学院的聚会使人想起类似的辩论。

在英格兰，与梅森召集的群体类似的非正式聚会在格雷欣学院（Gresham College）有了自己的机构。格雷欣学院是按照托马斯·格雷欣爵士（Sir Thomas Gresham）的遗嘱创建的，地点位于他在伦敦的寓所，资金来源于他的遗产收入。格雷欣学院试图在伦敦做一些高等教育的事情。在它的七个教授席位当中，有三个——医学、几何学和天文学——与科学有关。关于它在教育事业上的成就，我们知之甚少，但我们的确知道，英国科学家很快便闻风而至。

著名数学家和物理学家约翰·沃利斯（John Wallis）后来撰写的两份报告讲述了从1645年开始的特殊会议。伦敦的一个十人小组定期会面，讨论自然哲学的问题。该群体史称“无形学院”，这个名称源自罗伯特·波义耳的一封信中出现的一个短语。后来有人不够友好地指出，波义耳所说的显然是另一个群体。沃利斯的学圈继续在伦敦见面，直到英国议会取得胜利。1649年，其中一些人参与重建保皇主义的牛津大学。约翰·威尔金斯（John Wilkins）在空位期（Interregnum）成为牛津沃德姆学院（Wadham College）院长，在大约十年的时间里，沃德姆学院和牛津大学见证了英格兰最热忱的科学活动。1660年，斯图亚特王朝复辟，牛津学圈彻底解散，大多数人迁往伦敦，此时大约有三十个对科学感兴趣并且彼此熟知的人。在时任格雷欣天文学教授的克里斯托弗·雷恩（Christopher Wren）的一次讲座之后，他们在附近的一家小酒馆聚会，决定建立正式的组织。两年后，他们将这个组织称 111

为“皇家学会”。

60年代初，法国在政治上也出现了重大发展，使人们开始关注皇家学会的建立。1661年红衣主教马扎然（Mazarin）去世后，路易十四宣布从此他将亲自担任首相。蒙莫学院的成员开始梦想得到皇家的慷慨赞助，就像他们想象查理二世对其社团的赞助那样大方。事实上，由于内部派别的分裂，蒙莫学院正在迅速衰落，走向解体。在这种情况下，曾经访问英格兰并且被皇家学会接纳为会员的塞缪尔·索比埃（Samuel Sorbière）于1663年写了一份备忘录，解释了为什么需要政府的支持性。三年后的1666年，皇家科学院（*Académie royale des sciences*）在路易十四的财政部长让·巴普蒂斯特·科尔贝（Jean Baptiste Colbert）的帮助下正式成立。

皇家科学院从一开始就不同于蒙莫学院。它只有16名成员，试图把科学领袖聚集在一起，不是为了对公众进行宣传，而是为了更好地进行研究工作。它甚至不限于法国科学的领袖。克里斯蒂安·惠更斯从荷兰来到巴黎，天文学家罗默（Roemer）来自丹麦，卡西尼（Cassini）来自意大利——这是一种现代早期的人才流失。法国政府既任命科学院的成员，也支付薪水，科学院则受其支配。

结果，科学院掌握着较为充裕的资金。它的科学家拥有欧洲最好的设备，能够完成其他人不可能完成的项目。科学院资助测量了地球表面上一弧分的长度，从而确定地球的大小，其精度远远超过了以前的任何测量。南美洲的探险考察帮助确定了火星与地球的距离，并且间接确定了太阳系的大小。类似规模的项目非单个科学家可以完成，科学院通过实施这些项目使整个科学界受到恩惠。

有得必有失。科学院由法国政府资助，也受到法国政府的支配。它在某种意义上充当着政府专利局的作用，在一些无关紧要的事情上浪费了顶尖科学家的时间。科学院本身有时作为一个法人团体在运作，将一些活动强加于那些本可以做别的事情的人。它对法国科学的影响很难评价，甚至很难与别的影响分开。不过，这种影响是很清楚的。组建科学院是为了回应一种明显的感觉，即法国科学的繁荣需要政府的支持。组建它的时候，法国已经是欧洲科学的领头羊。三十年后，领导权已经毫无疑问地转移到了英格兰。没有证据表明是科学院的组建导致了法国科学的相对衰落。我们只能说，科学院没有维持住法国科学在组建它之前的领导地位。 112

与此同时，英格兰的科学界组建了一个非常不同的机构——皇家学会。它由在格雷欣学院听演讲的一群人自发组建，是英国天才寻求自治的典型表现。其成员中有显赫的廷臣，可以寻求皇家资助，并且适时地享有“皇家”的特殊礼遇。查理二世并不总能给予皇家学会足够的资助。在面临是支持其情妇内尔·格温（Nell Gwyn）还是支持科学的抉择时，查理二世从未犹豫不决，“皇家”这个修饰词也许是皇家学会从他那里得到的最有价值的东西。尽管有这个名字，尽管其章程得到了官方认可，但它完全是一个私立组织。

结果，皇家学会的成员完全不同于法国皇家科学院。皇家科学院试图聚集科学精英，而皇家学会则向任何自称感兴趣的人敞开大门，因此很快就充满了爱闲聊的业余爱好者。在17世纪，每一位被提名者似乎都被选为会员，加入皇家学会是王政复辟时期的一种社会时尚。17世纪60年代，皇家学会经历了第一次勃兴。十年以后，其纯粹的业余身份几乎使它被人遗忘。

然而，皇家学会并没有消失。今天，它是现存最古老的科学社团。它之所以能够幸存下来，部分是因为幸运地得到了服务于它的人。其实验管理员罗伯特·胡克（Robert Hooke）是个通才，即使会员们想讨论双头牛的问题，他也能为会议提供一些科学内容。皇家学会也得到了亨利·奥尔登堡（Henry Oldenburg，约1620—1677）的服务，他是一个背井离乡的德国人，后来成了皇家学会的秘书。奥尔登堡的通信把英格兰乃至更广泛的国际科学界都凝聚在了一起。通过创办《哲学会刊》（*Philosophical Transactions*）113（和皇家学会一样，也是现存最古老的科学期刊），奥尔登堡将自己的职能制度化，并且帮助创造了现代科学所培育的新的文学形式。通过奥尔登堡和《哲学会刊》，荷兰的显微镜学家列文虎克和意大利的马尔皮基交流了自己的发现。也是通过奥尔登堡和《哲学会刊》，艾萨克·牛顿克服了自己的忧虑，并与科学界的其他人建立了联系。

然而，说胡克和奥尔登堡拯救了皇家学会，只说对了一半。奥尔登堡于1677年去世，胡克已有十年不再活跃。他们曾经发挥的出色职能被其他人所继承。也许没有其他事情能更清楚地表明，为什么皇家学会的确幸存下来——以及为什么其他社团也会产生、幸存和发展。科学家之间的交流需要使科学社团应运而生，这种需要超越了任何个人。17世纪初，科学群体的幸存还依赖于像梅森这样的个人。然而到了17世纪末，这种情况已经不复存在。

仿照皇家学会和皇家科学院建立的社团开始在欧洲的各个角落涌现出来。

有理由认为，不够正式且经常陷入混乱的皇家学会要比资金更充裕且组织严格的皇家科学院更好地满足了17世纪科学的需要。测量地球等耗资巨大的项目超出了皇家学会的财力，但这种项目主要局限于常数测量。定量科学的发展要求他们给出结果，但很难说测量本身代表着科学理解上的重大进展。与此同时，如果皇家学会无法为这些项目提供足够的资金，那么它可以鼓励最终更有意义的工作。关键词是“鼓励”。结构松散的皇家学会不能强行规定或主导其成员的工作。仅仅凭借其存在和公开的兴趣，它就可以温和地鼓励并帮助最伟大的显微学家之一罗伯特·胡克、最伟大的自然志家之一约翰·雷、最伟大的物理学家之一艾萨克·牛顿和最伟大的化学家之一罗伯特·波义耳发表著作。而皇家科学院则不可能做到这些。

如果说社团的形成是科学运动壮大的一个标志，那么仪器的发明则是另一个标志。17世纪出现了科学研究的大量基本工具。17世纪初发明的望远镜使天文学研究发生了革命。不到十年时间，后来对生物学也做出了同样贡献的显微镜也出现了。第一台精密时钟可以以做梦也想不到的精度测量时间。温度计也使温度可以测量，尽管使温度计可以相互比较的标准化刻度直到18世纪才被设计出来。大气压可以用气压计来测量，有了空气泵，科学就能改变压力，创造出真空以供实验室之用。以前没有哪个世纪对研究工具有这么大贡献。 114

除了有形的工具，还必须有更重要的无形工具，那就是实验方法。早期的自然哲学之所以被全盘否定(这是科学革命的一个核心特征)，部分原因就在于对早期的方法产生了幻灭感。经过数个世纪的研究，没有任何可靠的东西被确定下来，因此研究方法必定是错误的。17 世纪有许多人注重方法，这表明这种感受有多么普遍。先是培根的《新工具》(*Novum Organum*，1620)，[①]然后是笛卡儿的《方法谈》，帕斯卡、伽桑狄和牛顿等人都或多或少地谈过这个问题。

所有这些讨论都有不让人满意的地方。培根(1561—1626)通常被誉为实验方法的创始人，但仔细阅读他的《新工具》就会发现，这种声誉其实并不恰当。无论他坚持直接考察自然有何价值，他呼吁以一种普遍的自然志作为科学的必要基础，表明其工作的主导基调乃是不偏不倚的观察。笛卡儿则认为，实验只与科学的细节有关，单凭理性就能确立自然哲学的一般原则。他自信地断言，理性能够探究自然的界限，这对 17、18 世纪的思想产生了很大影响，但对形成我们所谓的科学方法却没有什么作用。帕斯卡讨论方法的短文试图将实验与笛卡儿的方案更紧密地联系起来，但这些文章仍然不够完备。

115　在 17 世纪，对实验方法最出色的陈述也许可见于罗伯特·波义耳的一份手稿。它简明扼要但富有表现力，出现在卓越的假说所具有的一系列特征中。

它使一位熟练的自然研究者可以通过它与未来的现象

① *New Organon*.“工具”是对亚里士多德逻辑学著作的称呼。

是否一致来预言这些现象，特别是那些精心设计出来以检验它，以及是否应该由它引起的实验事件。

17 世纪论述方法的著作大都与确证（confirmation）问题有关。波义耳的简短陈述所表达的研究活动将现代科学的实验方法与逻辑区分开来。

与行星运动三定律或正弦折射定律不同，实验方法并不是一项可以仅仅归功于 17 世纪科学的具体发现。当然，并不存在单一的实验方法，我们只能以最一般的方式来谈论它，以表明一种可以区别于其他方法比如历史研究或逻辑研究的研究程序。此外，实验研究的先驱者和先前的例子比比皆是。盖伦的生理学著作便是例证。源于罗伯特·格罗斯泰斯特（Robert Grosseteste）的中世纪学派和 16 世纪帕多瓦大学的逻辑学家们都对类似于假说-演绎系统的东西做过详细考察。然而直到 17 世纪，实验方法才成为一种被广泛使用的科学研究工具，此时的实验方法是在实验者规定的条件下对自然进行主动质疑，而不是对自然自发呈现的现象进行单纯的观察。无论可以合理地指出多少先驱者，实验研究的早期经典著作大都源于 17 世纪。

威廉·哈维简单的生理学实验阐明了实验方法的本质方面。当他用绷带把手臂上的血液循环切断，观察随后发生的变化时，他是将一组由他的问题决定的人为条件强加于自然。同样，第一支气压计也是一个实验，在这个实验中，一个明确定义的问题引导托里拆利用水银灌满玻璃管，并将其竖立在一个槽中。如果没有实验者的设计，托里拆利观察到的现象将永远不会发生。牛顿关于 116

颜色起源的一系列实验是17世纪最好的实验研究之一。很难说有什么自然现象与之有关。牛顿设计了一组人为的条件，在这组条件下，实验者的意图完全定义了被强加于自然的问题。当然，他必须默认这个回答，但实验的设计决定了自然别无选择，只能回答“是”或“否”。

到了17世纪末，科学革命已经打造了一种自那以后一直在使用的研究工具。它的成功在很大程度上在于发展出一种适合其需求的方法，从那时起，它的成功导致越来越多的领域争相效仿。

在17世纪，除了在认识论上开始引出的问题，实验研究方法的影响几乎只限于自然科学领域内部。然而，与方法密切相关的是权威问题，在这个问题上，科学革命在重塑西方思想的基本态度方面起了主导作用。在古代文明的巨大影响下，欧洲文明在中世纪兴起，从一开始就承受着权威的重压。一方面，天启的《圣经》和天启的教会在精神上显示了上帝的意志。另一方面，古代文明几乎同样辉煌的世俗遗产，表明了对当时的人显然无法取得的成就的敬重态度。新教教会毫不怀疑地把《圣经》接受为神的话语，此前文艺复兴时期的文化热情地屈从于古代权威的束缚。路德通过引用《圣经》来驳斥哥白尼，而意大利的一位人道主义者则会建议年轻人花两年时间只读西塞罗（Cicero），并从他的词汇中删除任何在西塞罗的著作里找不到的字眼。心甘情愿地接受权威，认为必定有权威存在，比个人意见更有可能是正确的，这种态度在17世纪仍然很盛行。伽利略指责那些亚里士多德主义者不顾感觉和理性唯亚里士多德是从，聪明的苏格兰亚里士多德主义者亚历山大·罗斯（Alexander Ross）的话表明，伽利略绝非无的放矢。

> 我遵循的是大多数最有智慧的哲学家[他在回应约翰·威尔金斯(John Wilkins)对哥白尼天文学的辩护]的做法，因此我并不孤单；宁愿随最好的走错路，也不愿随最坏的走错路，宁愿有人陪伴，也不愿独自一人。

这是一种不利于科学事业的态度，在科学革命时代，这种态度很难不受挑战。 117

到了17世纪末，这种敬重的态度消失了，欧洲思想正朝着启蒙运动所特有的热情洋溢的乐观主义快速迈进。经济增长和政治稳定等诸多因素无疑促成了这一变化。这种变化本身也无疑成为科学进步的一个因素。与此同时，在扭转这种流行的态度方面，科学的成功似乎起了重要作用。约瑟夫·格兰维尔(Joseph Glanvill)在1668年出版的《更进一步》(*Plus Ultra*)便是一个例子。《更进一步》是所谓"书战"(一场关于古代人和现代人相对成就的争论)中的一个插曲，主要依靠科学来论证现代人的成就已经超越了古人。书名本身就暗示着内容，它有意对一则古代神话作了双关，即直布罗陀海峡的赫拉克勒斯之柱(Pillars of Hercules)上刻着"就此止步"(*ne plus ultra*)的箴言，而格兰维尔的书名"更进一步"则宣称，古代思想世界的狭隘界限已被拆散。《更进一步》是现代成就的一份目录，主要是科学发现。格兰维尔列举了解剖学、数学、天文学、光学和化学等方面的成就，赞扬了显微镜、望远镜、气压计、温度计、空气泵等发明。该书的整个基调表达了这样一个事实：权威并不能掌控支配他的忠诚。

《圣经》继续作为神的启示而占据一个特殊位置,但甚至连它的权威也不再是公认的。现代圣经学术已经开始对《圣经》文本进行历史考证。从科学的观点看,艾萨克·牛顿通信中一个不起眼的事件可以揭示正在发生的变化。在给托马斯·伯内特(Thomas Burnett)的一封回信中,牛顿对创世作了简要说明,用科学的证据来确证《创世记》的可靠性。与路德通过引用《圣经》来反驳哥白尼相比,这段话体现了角色的完全颠倒。牛顿的信是用科学的权威来判断《创世记》是否可以接受。如果让牛顿用这种方式来处理此事,他肯定会拒绝,但这段话的(也许是无意识的)含义是很清楚的。科学在拒绝接受权威和提升人无助的官能方面已经走了很远,以至于把自己提升为现在空缺的权威。

科学也促成了一种关于知识功能的新理想。以前人们认为知118 识本身就是目的,对真理的沉思是人类所能从事的最高级的活动,而现在人们则断言,人的目的是行动,知识的目的是功用。弗朗西斯·培根的名字比任何其他名字都更与这种新观念有关,它经常被称为培根式的功利主义。

培根对他的仆人亨特说:"世界是为人而造的,而不是人为世界而造。"他把这种观点总结为"人的王国",这也许是他所有著作中的基本思想。人的王国就是物质世界,即上帝为人准备的领域,人只有通过自然科学的道路才能进入这个世界。对于培根来说,知识就是力量,凭借这种力量,人可以让自然服从自己的意志,强迫自然服从自己的需要。在第一个科学乌托邦《新大西岛》(*New Atlantis*,1627)中,培根描述了一个致力于"扩大人类帝国的范围,实现一切可能之物"的组织——所罗门宫。他所描述的所罗门宫中的几乎所有研究都是实用的，比如改良果园、改良动物品种、改良药物。培根本人认为，实用结果只能来源于真理论，他绝不反对我们所说的纯粹研究。尽管如此，对所罗门宫的描述准确地说明了他的终极目标。知识的目的是改善人的境况，使人的生活舒适和方便。

并非每一位17世纪的科学家都赞同培根式的功利主义理想。事实上，它主要不是与机械论科学相联系，而是与文艺复兴时期的自然主义和自然魔法相联系，后者旨在通过了解自然的神秘力量来支配自然。自然魔法深深地影响了培根，由于他的著作继续被人阅读，而自然魔法师的著作却没有，所以我们把在培根之前就已经广为流传的一种态度称为"培根式的功利主义"。自17世纪以来，西方世界发生了巨大的经济变化和社会变迁，它们有利于选择和强调培根式的功利主义理想。技术在这些变化中发挥了重要作用，技术与自然科学的联系比以往任何时候都更密切。从这个意义上说，17世纪的科学运动有助于塑造一种几乎成为现代文化伦理的知识功能理想。

到17世纪末，现代自然科学已经成为欧洲舞台上的一个突出因素。单枪匹马进行研究（比如哥白尼在东普鲁士独自进行研究）119 的时代已经过去了，科学运动的持续发展现在由它所创造的有组织的社团来保证。当科学的范例暗示有可能对整个西方文明进行重塑时，指向18世纪启蒙运动的欧洲文化的其他方面已经感受到了它的影响。从那时起的西方历史甚至可以总结为，科学所起的作用持续扩大，将原本围绕基督教建立起来的文化转变为我们目前以科学为中心的文化。早在科学革命完成之前，这种转变就已经开始了。

120

第七章　力学科学

两大主题贯穿于17世纪的科学。一个主题表现为机械论哲学，它希望从自然哲学中消除一切含有隐秘意味的东西。新的自然观从古代原子论者那里得到启发，着手解释必定隐藏在所有现象背后的机械实在性。没有哪个科学领域不受它的影响；第二个主题也可以追溯到一种古代来源，即毕达哥拉斯学派。它关注对现象进行精确的数学描述，激励了日心天文学。它在17世纪主要体现为力学科学。

现代力学科学的历史是对伽利略新运动观所作的一系列详细阐释。第一种阐述出自笛卡儿之手。伽利略希望回答哥白尼天文学所提出的问题，而笛卡儿则致力于阐述一种新的自然哲学。这促使笛卡儿以同样的方式来处理所有运动，而伽利略从未成功地做到这一点。在伽利略看来，围绕中心的惯性（圆周）运动始终不同于被他称为“自然运动”的朝向中心的运动。而在笛卡儿的宇宙中，这种区分完全消失了。所有运动均以同样的方式得到处理。所有运动变化都被归结为相同的原因，即物质微粒彼此之间的碰撞。在这种情况下，很容易对伽利略的假设提出质疑，即惯性运动是围绕引力中心的圆周运动。笛卡儿断言，每一个运动物体都倾 121 向于沿直线运动。只有当某物使它偏转时，它才作曲线运动。事实上，由于自然之中充满了物质，所以每一个物体都在不断偏转；不过惯性运动是直线的。

笛卡儿试图利用这一结论的推论，先对圆周运动的机械要素进行分析。作为力学，这种分析有严重的缺陷，今天每一位物理学的初学者都能做得更好。但与今天的初学者不同，笛卡儿无任何先例可循。他的分析其他人得出结论提供了先例和基础，以至于今天的初学者很快就能学会分析圆周运动。笛卡儿的确得出了这样一个结论，即由于直线运动的倾向，运动物体总是努力远离中心。当我们旋转系在绳索上的石头时，我们可以感觉到拉力，“因为石头试图远离我们的手而拉紧绳索”。他甚至没有尝试对这种远离中心的努力给出定量表达，而只是说它存在，并把它视为其自然哲学体系的一个核心因素。

笛卡儿的自然哲学也强调了力学中的另一个问题。由于有意排除了所有被认为隐秘的东西，所以作用仅仅局限于物体之间的直接接触。因此，对于机械论哲学家而言，碰撞问题肯定至关重要。解决这个问题并不容易。伽利略考察过他所谓的碰撞力，但没有取得显著的成功，正是基于这种认识，他没有发表自己的讨论。笛卡儿对碰撞问题的处理是他试图把精确的定量力学引入其机械论哲学的少数案例之一。

笛卡儿的分析建立在动量守恒的基础上。他所谓的动量或运动的量（quantity of motion），指的是物体大小与速度的乘积——这个概念与我们的动量概念类似，但又有所不同，因为他所说的“大小”不同于我们所说的“质量”，而且他没有把速度当作矢量来处理。由于作为运动最终原因的上帝是不变的，他推断，宇宙中的总动量必定保持恒定。然而，并非每一个物体的动量都保持不变；在碰撞中，运动可以从一个物体转移到另一个物体。笛卡儿认为碰撞的两个物体是一个整体，碰撞后它们总的运动必须与碰撞前相等。然而，他并没有只把它看成一个运动守恒问题。和在伽利略那里一样，碰撞“力”的概念显示出自己的影响。“一个物体作用于另一个物体或反抗其作用的力仅仅在于，每一个物体都尽可能地保持它所处的状态。”由这个前提可以推出一条碰撞定律，即他的第三条自然定律，其出乎预料的结论令人惊讶。

122

> 当一个物体碰上另一个比它更强的物体时，它不会失去任何运动；而当它碰到一个更弱的物体时，它失去的运动将与传给对方的一样多。

在讨论七种不同的情况时，笛卡儿将运动的量与运动的方向区分开来。方向改变并不涉及动量的改变。例如，让一个运动物体撞击一个更大的静止物体。大物体因为更大而更努力地保持它现有的状态，因此小物体（即更弱的物体）移不动它。如果不能把大物体移开，那么小物体显然无法继续沿着同一方向运动，而如果大物体继续保持静止，则运动守恒要求小物体继续以相同的速度运动。因此，它必定会以原有的速度反弹回来，但运动方向相反。同样，如果两个相等的物体沿相反的方向运动，一个比另一个运动得慢，那么较慢（较弱）的物体将无法改变较快（较强）物体的状态。它也不可能以原有的速度反弹回来，因为较快的物体正以更大的速度沿那个方向运动。较快的物体必须把它超过较慢物体的速度的一半转移给较慢的物体，然后两物体将沿着较快物体原来的运动方向一起运动。

如果说笛卡儿对碰撞的处理与他关于物体保持其状态的力的概念无可救药地纠缠在一起，那么他的力学也并不包含其他清晰的力的概念。我们现在所接受的动力学中最简单的情形是由一种均匀的力所产生的均匀加速度。伽利略认为自由落体是一种匀加速运动，但伽利略和笛卡儿都没有把它的原因确定为一种力。这种力会是什么呢？如果有人说这是一种吸引力，那么隐秘性质的幽灵又会浮现出来。伽利略通过把自由落体称为一种“自然运动”而回避了整个问题。在笛卡儿的世界里，自然运动是不存在的，他基于离心倾向想出了一种机制，以解释为什么所谓的“重”物会落向地球。重性（heaviness）被认为是微粒之间多重碰撞的结果，这些微粒远离地球的倾向超过了大物体的离心倾向。在充满物质的空间中，离心倾向较小的物体被推到中心，我们称之为“重”物。这样一来，重性的隐秘含义就消除了。但无论是伽利略所断言的自由落体是一种匀加速运动，还是他所断言的所有物体都以相同的加速度下落，都不可能与之符合。机械论哲学家无法考虑除“运动物体的力”以外的任何力的概念，这成为一种数学动力学发展的障碍，而且往往把力学局限于运动学问题，在运动学中，对运动的描述并不涉及引起运动的力。

123

伽利略最伟大的意大利弟子托里拆利并不是这样。托里拆利处在机械论哲学的范围之外，能将一套纯粹动力学的概念应用于伽利略的运动学。虽然他的动力学与我们的完全不同，但其中立刻出现了对伽利略结论的动力学解释中固有的基本数学关系。

托里拆利从伽利略的碰撞力问题开始。如果需要一千磅的重量来打破一张桌子，那么怎样才能让一个从足够高的地方落下的一百磅重的物体也打破桌子呢？他回答说，物体的重性是一种内在本原，它在每一瞬间产生一个与物体重量相等的冲力(impetus)。他以喷泉作为比喻进行说明——重性是可以一个喷泉，从中可以不断流出冲力或动量(momenta)。如果一个喷泉每分钟产生一加仑的水，那么我们灌满一加仑的水罐一百次，就能收集一百加仑的水。同样，对于被比作喷泉的重性来说，若把在一些瞬间流出的动量收集起来，相关物体的力量就能增加。那么如何收集动量呢？让物体下落。当一百磅的物体静止在桌子上时，桌子的阻力会反抗并破坏它在每一瞬间产生的动量。而当物体下落时，没有阻力能够抵消动量；每一瞬间产生的动量被加到前一瞬间所产生的动量中，物体的力量不断增强。因此，只要让一百磅重的物体从足够高的地方下落，就能获得一千磅重的力量来打破桌子。

显然，托里拆利正在使用一套看起来不甚熟悉的概念。他试图用一个静态的重量来衡量动态的冲击作用，这个问题似乎很奇怪。只有在这种背景下，他才能把重性看成一个喷泉，从中涌出一个个与物体重量相等的动量。“瞬间”一词对他来说有着特殊的含义，它是无限小的、不能再分的、最终的时间单位。他把物质看成一个容器，是“女巫喀耳刻(Circe)一只魔瓶，可以容纳力和冲力的动量。于是，力和冲力都是异常微妙的抽象，是极为精妙的精髓，以至于除了自然物最内在的物质以外，任何瓶子都无法包含它们”。托里拆利正在阐述中世纪的一种冲力力学，用内在化的力来解释抛射体运动。他把冲力力学运用到伽利略的运动学中，他那

124

陌生的表述背后则是现代动力学的一些基本定量关系。通过从动力学观点来看待竖直下落和倾斜下落，把重性（*gravitas*）视为推动力，他认识到力与加速度的比例关系。同样他也看到，恒定的力与作用时间的乘积等于一个从静止开始下落的物体所产生的总动量。

更重要的是，他把从自由落体中导出的关系应用于其他情形，其中包括碰撞。如果每一瞬间都能增加一个等于物体重量的冲力，而且如果瞬间无限短，那么物体在有限的时间里所获得的力量必定是无限的。托里拆利承认这一点。但只有当整个物体都能瞬间被作用时，力量的效果才是无限的。事实并非如此。由于物体的弹性，冲击会随着时间而分散，时间越长，所施加的力量就越少。托里拆利已经认识到，动量的破坏在动力学上等同于动量的产生。对于这两者，他使用了未经明说的方程：

$$Ft = \Delta mv$$

均匀的力与时间的乘积等于动量的变化。他也把这个方程用于弹性反弹，最引人注目的是，他由此成功地分析了一个完全不同的问题。想象一条大船和一条小船停泊在离码头二十英尺的地方。如果一个人拉着大船进入码头，他竭尽全力也几乎不会给船带来任何速度，但是船撞上码头时，码头会摇晃。与此相反，他能瞬间使小船快速移动起来，但撞击码头却几乎毫无效果。

> 如果我们问他费力拉动大船的时间有多长，他会回答说，他也许需要半个小时的时间才能使这个巨大的机器移动

125 20英尺。但拉动小船他只用了四个音乐节拍的时间。然而，从工人的手臂和肌腱不断流出的力，就像从喷泉中喷一样，其实并未烟消云散、化为乌有。倘若大船根本无法移动，那么它将消失，所有这些力都将被阻碍运动的石头或锚所耗尽。然而实际上，所有这些力都被印入了组成船体的木头和器械中，在那里被保存下来并不断积累，水的阻力所带走的那点力忽略不计。那么，在半个小时的时间里所积累的动量的撞击效果远甚于在四个音乐节拍的时间里所累积的力和动量的撞击效果，这有什么可奇怪的呢？

即使不投入多少诗意想象，我们也能分析出类似的结果。

我们只需要将托里拆利分析的概念结构与笛卡儿的进行比较，就能理解对伽利略运动学的动力学解释为什么不容易在机械论哲学家那里出现。托里拆利的讲义实际上直到18世纪才出版，但很难相信如果它们在交付的时候出版会受到好评。而在他的确出版的《几何学著作》(*Opera geometrica*,[①] 1644)中，他提出了另一种对力学科学产生很大影响的观念。

两个连在一起的重物，除非它们共同的重心下降，否则不能运动。

① *Geometrical Works.*

如果天平两臂的运动没有降低其共同重心，天平就处于平衡状态。当两个物体通过绳索连接在滑轮上时，只有当它们的共同重心在这个过程中下降时，一个物体下降才能使另一个物体上升。托里拆利认识到，两个不受外界影响的物体可以被视为一个集中在其重心的物体。通过这种方式，就可以把伽利略关于重物的运动学扩展到物体系统。在进一步利用这种想法的过程中，力学科学在17世纪取得了一项重大成就。

利用这种洞见的人是荷兰科学家克里斯蒂安·惠更斯。他是笛卡儿一个朋友的儿子，从小接受笛卡儿主义的培养和教育，但伽利略对运动的精确数学描述对他产生了至少同样大的影响。惠更斯年轻时曾经提出，笛卡儿的碰撞规则是错误的，他的笛卡儿派老师因此大为震惊。"提出"一词太弱了，事实上，惠更斯是通过笛卡儿自己的原则而证明了笛卡儿的错误。对笛卡儿而言，精致和运动是相对的；由于除物体之外没有空间，所以我们只能说一个物体相对另一个物体运动或静止。不幸的是，他的碰撞规则对于不同的参照系会给出不同的结果。一个较小的运动物体碰到一个较大的静止物体会以不变的速度反弹回来，而较大的物体则没有任何变化。但如果我们改变参照系，考虑较小的物体静止，较大的物体使它运动，则大物体失去的运动将等于它给予小物体的运动，二者在碰撞后一起运动。显然，如果真像笛卡儿所说，运动和静止是相对的，那么第二个结果与第一个结果是不一致的。惠更斯无疑认为运动是相对的，因此问题在于修改碰撞规则。 126

为此，他设想了一个只有荷兰人才能提出的思想实验。一条船沿着静静的荷兰运河顺流而下，一个人在船上做物体碰撞实验。

惠更斯设想，将物体用此人手中握的绳子悬挂起来，他双手合拢就能使物体发生碰撞。当然，这是消除摩擦等不规则性、实现伽利略理想化运动的一种特殊手段。绳子的好处是使惠更斯可以假定岸上有第二个人，在船经过时两人携手作同一个实验。惠更斯假设的最简单的碰撞情形的结果是：当两个大小相等的完全坚硬的物体（我们会说完全弹性物体）以相等的速度相向运动时，两者将以原有的速度被弹回。假定在一条行驶速度与物体速度相同的船上做这个实验。在岸上的人看来，一个在碰撞前静止的物体得到了碰撞后静止的另一个物体在碰撞之前的运动。通过调整船的速度，惠更斯能够处理所有涉及相等物体的情形。为了处理不相等的物体，他进一步假定，每当一个物体碰撞另一个较小的静止物体时，127都会使小物体运动，并失去它转移给小物体的那部分运动。通过这条船，他现在颠倒了静止状态和运动状态。从新的参照系来看，大物体推动小物体时失去的运动就像是由于小物体的碰撞而传递给大物体的运动。惠更斯得出了与笛卡儿完全相反的结论："无论多么大的物体，都能被一个以任何速度撞击它的无论多么小的物体所推动。"这再清楚不过地表明了17世纪对物质惰性的信念。

惠更斯以一种特殊方式表述了笛卡儿的运动守恒原理。

> 当两个坚硬的物体相互碰撞时，如果其中一个物体在碰撞后保持原有的运动不变，那么另一个物体也既不会失去运动，也不会获得运动。

他再次用船来引出这个前提的所有推论。在何种条件下，物体才能保持它们在碰撞之前的所有运动呢？惠更斯表明，只有当物体的大小与其速度成反比时，才会发生这种情况。但说只有在这种条件下才能发生，就是说它在每一次碰撞中都会发生，因为运动的相对性使我们在每种情况下都可以选择一个参照系，在这个参照系中，物体的速度与其大小成比例。相对于其共同的重心，碰撞的两个物体的大小总是与它们的速度成反比，碰撞后物体的分离速度等于它们接近时的速度。当然，重心没有发生任何改变。惠更斯总结说，存在着“一条美妙的自然定律”，似乎对于所有物体的所有碰撞都是有效的。

> 无论在碰撞之前还是碰撞之后，两个、三个或无论多少个物体的重心总是沿同一方向做匀速直线运动。

也就是说，碰撞问题可以用托里拆利原理来解决。托里拆利只把它用于两个物体被迫一起作竖直运动的情况，而惠更斯则也把它用于不受这种约束的物体的惯性运动。可以把一个孤立的物体系统看成一个集中于其共同重心的物体。从这种角度来看，不论碰撞力如何，对碰撞作纯粹的运动学处理是可能的。“力”这个词并未出现在惠更斯的《论碰撞物体的运动》（*On the Motion of Bodies in Percussion*①）的标题中。虽然他对笛卡儿做了大量修正，但他对碰撞的看法却体现了笛卡儿观点的基本方面。在碰撞中，没有任何动力学作用；从重心的角度来看，每一个物体的运动方向都在 128

① 拉丁文原文为：*De motu corporum ex percussione*。

瞬间变化，但碰撞后两者的分离并不改变原有的运动。

然而现在，笛卡儿讨论的基础，也是他自然哲学的一块基石，似乎是不正确的。动量并非在所有碰撞中（至少不是在所有参照系中）都守恒。由于惠更斯仿照笛卡儿区分了方向和速度，所以物体的动量在他的力学中总是一个正值，即物体的大小乘以它的速度。很容易表明，当只有一个物体反转方向时，动量并不保持守恒。然而在完全坚硬的物体的碰撞中，另一个量的确保持不变。如果将每一个物体的大小都乘以其速度的平方，那么碰撞前这两个量之和总是等于碰撞后这两个量之和。对惠更斯来说，这个运算结果，即大小与速度平方的乘积之和，仅仅是一个数罢了，这个数因参照系的不同而有所不同。但是在完全坚硬的物体的碰撞中，它在任何参照系下都保持不变。因此，它可以替代被证明不正确的笛卡儿的动量。其他人将会发现，由此获得的量并不仅仅是一个数，它将在力学和整个自然科学中发挥越来越大的作用。

惠更斯讨论碰撞的论文从运动学上完全解决了他所谓的完全坚硬物体的碰撞。这项工作即将完成之时，他又开始研究圆周运动的问题。他再次从笛卡儿出发，但这时他接受了笛卡儿的结论，并且对物体远离中心的努力给出了定量表达。惠更斯甚至为这种努力创造了一个名字——“离心力”，其字面意思是“逃离中心的力”。“力”这个词比较有意思，因为他在解决碰撞问题时曾有意排除了动力学考虑。在这种情况下他之所以愿意使用“力”这个词，129 是因为他认为这里的力与静力学中的重量相似，而使用“力”（实际上意味着力量）在静力学中是完全可以接受的。当你拿起一根系着重物的绳子时，你会感觉到重物正沿着绳子的方向直线向下拉。你若拿着同一个重物站在旋转的转盘上，则会感觉到一种径向上的类似拉力。在这两种情况下，拉力都是源于物体倾向于沿着它在拉扯的方向移动。将这个类比进一步拓展。假定从半径（AB）的端点引一条切线（BC），并与另一条半径的延长线（ADC）相交，从而与第一条半径形成一个小角度（见图 7.1）。让第二条半

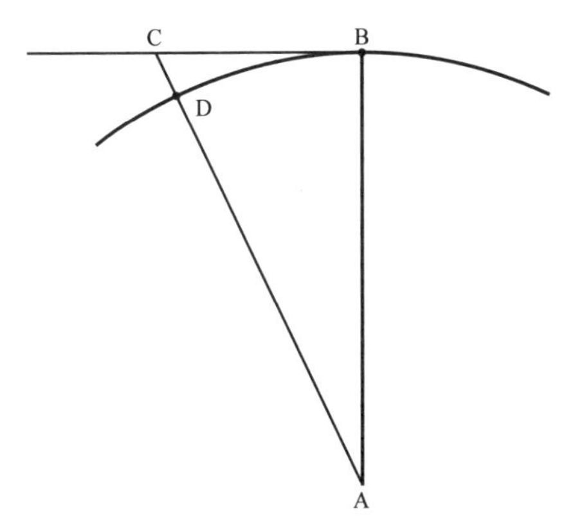

图 7.1　当角 A 很小时，$DC \propto BD^2$。

径（AD）匀速转动，使附着在它上面的物体作匀速圆周运动。惠更斯说，物体的离心力是由它的直线惯性产生的，这种惯性使物体在每一点上都试图离开曲线而沿切线移动。曲线与切线之间的半径延长线（DC）的长度，量出了物体若依其在接触点的惯性趋势自由运动而远离圆周的距离。从几何学上可知，当半径之间的夹角（A）很小时，圆周与切线之间的距离（DC）正比于弧长（BD）的平方。由于角运动是均匀的，我们可以用弧长来度量时间。于是，离心力所趋向的运动会使距离随着时间的平方而增加。正如伽利略所表明的，重量是一种产生类似运动的趋势。惠更斯并没有问，是 130

什么东西把物体从切向路径上拉回来放在了圆上。他只是径直接受了圆周运动，像看待重量一样，把离心力看成物体在某个具体情况下的运动趋势，而不是一个作用于物体的力。在惠更斯看来，重量和离心力不仅是类似的现象，而且还互补。在笛卡儿的影响下，他认为重量是由离心力不足引起的。一块石头下落时，必须有等量的精细物质离开地球，离心力与重量的相似性是一种因果关联。

惠更斯不仅想确立重量与离心力的关联，还想找到一个能够定量表达离心力的公式。首先，离心力与物体的重量或固体物质(接近于他所理解的质量概念)成正比。通过仔细分析所涉及的几何，他发现离心力与速度的平方成正比，与圆的直径成反比。最后，他证明，如果物体在一个给定的圆上运动，其速度等于它从静止下落到圆半径的一半时所获得的速度，那么离心力将恰好等于它的重量。在匀加速运动的情况下简单地代入联系速度与距离的公式，便可得到一个离心力公式，它与我们使用离心力公式相同：

$$F=\frac{mv^2}{r}$$

就这样，惠更斯给日益壮大的数学力学军械库增加了一种威力巨大的武器——圆周运动的动力学。

他本人第一次用这个公式推导出了摆的周期方程，从而显示了这个公式的巨大用处。他的推导从分析圆锥摆入手，从这种分析中可以明显看到机械论哲学家对于圆周运动的独特看法。在圆锥摆中，离心力部分克服了摆锤的重力，使摆锤始终偏离于悬挂它的垂线(见图7.2)。当绳子与垂直方向成45°角时，我们可以直观地看出，离心力必定等于摆锤的重量。在这样一个圆锥摆中，摆锤

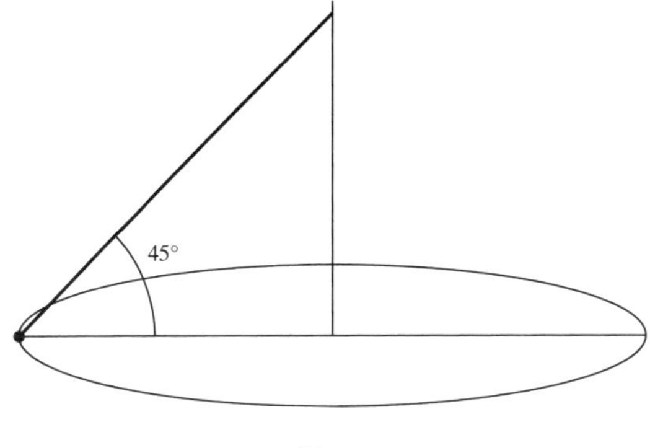

图 7.2

所描出的圆的半径等于圆锥的垂直高度，因此（通过他对圆周运动的分析）摆锤的速度等于物体下落到圆锥高度的一半时所达到的速度。有了这个等式，他还可以对物体下落整个圆锥高度所需的时间与圆锥摆的周期进行比较。他已经证明，垂直高度相同的所有圆锥摆都有相同的周期（见图 7.3），而垂直高度不同的圆锥摆，其周期将与垂直高度（AB）的平方根成正比。伽利略已经表明，普通摆的周期与摆长的平方根成正比，惠更斯认为，在极小摆动的极限情况下，圆锥摆与普通摆相同。因此，圆锥摆的周期等于摆长等于圆锥垂直高度（AB）的普通摆的周期。通过一系列简单的比例运算，然后运用他自己对圆锥摆的分析和伽利略的落体运动学，他确定了摆的周期与下落摆长高度所需的时间之比等于$\pi\sqrt{2}$。而下落时间是$\sqrt{2l/g}$，所以摆的周期是 $2\pi\sqrt{l/g}$。对惠更斯来说，周期和长度可以测量出来，方程中的未知数是重力加速度 g。自从伽利略时代以来，曾有一些人通过测量物体在一秒钟之内下落的距离来测量 g 的值。大多数结果都表明，g 约为 24 英尺 / 秒 ^{2}；耶稣

132 会士里乔利（Riccioli）给出的值是 30 英尺 / 秒 ^{2}。惠更斯在荷兰的纬度用摆测得 g 为 32.18 英尺 / 秒 ^{2}，这个数值与我们今天最佳的测量结果一致。

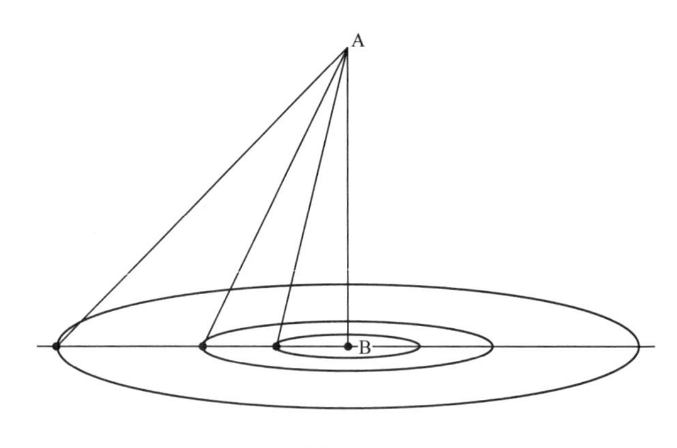

图 7.3

除了上面提到的结果，惠更斯还证明摆线是等时曲线，即物体沿这条曲线上的任意一点下降到中心的时间都相等（见图 7.4）。由于他也证明，摆线是一条相等摆线的渐屈线，所以他得出结论说，在两个摆线夹板之间摆动、因此绳索围住夹板的摆，将沿一条摆线路径作等时摆动。惠更斯根据这种理论设计了西方世界第一台精密时钟。迄今为止，所有对摆的分析都是对单摆的分析，即用一根没有重量的绳子悬挂一个点质量的理想化情形。实际的摆则有所不同。他从一端固定的棒的摆动开始讨论，想象这根棒被分解成无数微粒，所有这些微粒都向上偏转，他推论说，所有微粒的共同重心不可能高过棒的原始重心（见图 7.5）。基于这些思考，他确定了与棒周期相等的单摆的长度，由此也确定了棒的振动中心。

对物理摆的研究已经开始。

惠更斯大大拓展了可以作精确数学描述的运动现象，显示自

133

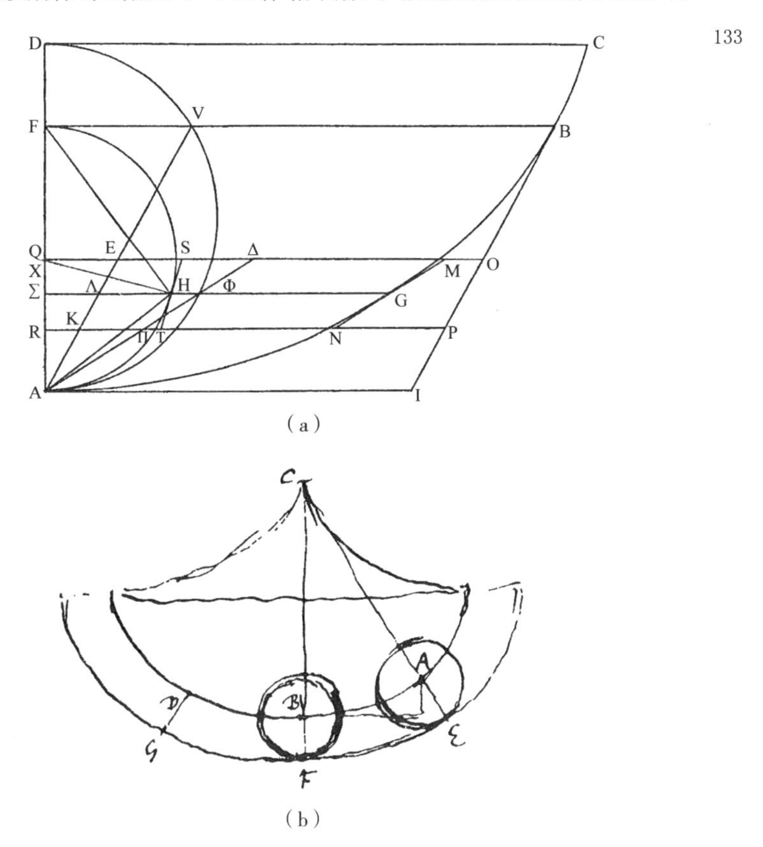

图 7.4　(a)一个物体从随机选取的任意一点 B 沿摆线 CBGA 下降到 A 的时间等于它从 C 沿摆线下降到 A 的时间。(b)惠更斯绘制的在两个摆线夹板之间摆动的摆的草图。从点 C 下降的两条曲线是相同的摆线。随着摆 CA 的摆动，绳索围住了摆线夹板，正如惠更斯所示，摆锤的摆动路径是一条与摆线夹板相同的摆线。

己是伽利略的继承人。在伽利略和牛顿之间，他对数学力学的发134展贡献最大。在许多方面，惠更斯仍然是笛卡儿的门徒。虽然细节有所不同，但他的宇宙和笛卡儿的宇宙一样是严格机械论的，他

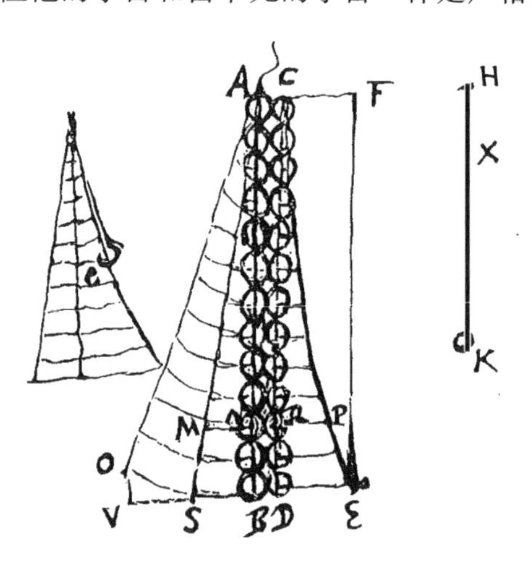

图 7.5　惠更斯的物理摆解决方案草图。球 AB 线表示一根从位置 AO 开始摆动的实心棒。当棒处于竖直位置时，想象它被分解成各个组成部分，球 CD 线表示分离的部分。然后想象每一个部分都发生偏转以便直立起来。直线 AS 表示棒的每一个部分下降的高度。曲线 CE 表示各个部分在彼此分离时所能上升的高度。由于各个部分彼此分开后的重心不能高过棒的原始重心高度，所以三角形 ABS 的面积必定等于曲线 CDE 的面积。

对力学的运动学处理是由力学的要求决定的。对于惠更斯来说，力学是关于只能通过碰撞来相互作用的运动物体的科学。力的概念只出现在圆周运动的语境下，而在圆周运动中，力并非表示对物

体的作用，而是表示物体的运动趋势。力本身类似于笛卡儿所说的“物体运动的力”，大致是我们所说的动量，这是机械论哲学家可以接受的一个概念。

正当惠更斯处于其职业生涯的巅峰，当选法兰西科学院院士并且定居巴黎时，他认识了一位来巴黎求学的才华横溢的德国青年——戈特弗里德·威廉·莱布尼茨（Gottfried Wilhelm Leibniz，1646—1716）。惠更斯成了莱布尼茨的数学和力学导师，莱布尼茨则把惠更斯的一些结论作了更高层次的推广。

135

1686年，莱布尼茨发表了一篇题为《对一个笛卡儿重大错误的简要证明》[①]的文章，引起了欧洲哲学界的震动。其关注的核心是笛卡儿关于物体运动的力的观念。莱布尼茨确信笛卡儿的观念是错误的，这从该文标题就可以看出来。作为证明的前提，莱布尼茨声称，如果不受任何外界干扰，那么一个从特定高度下落的物体将获得足够的力把它送回原先的高度。自伽利略时代以来，该原理已经以种种不同形式存在于17世纪的力学中。它最终基于这样一种信念：永恒运动是不可能的。莱布尼茨坚持这个理由。如果一个从4英尺高的地方落下的物体所获得的力足以把它提升到5英尺高，那么使之上升另外1英尺的力就可以取出来另作他用（包括克服使它上升不到4英尺的摩擦力）。无缘无故地获得某种东西是不可能的。然后莱布尼茨假定，使4磅重的物体升高1英尺所需的力可以使1磅重的物体升高4英尺。这是笛卡儿本人使用过的一个有充分论据支持的原理。如果将这个4磅重的物体分

① 其拉丁文原标题为“Brevis demonstratio erroris memorabilis Cartesii”。

成4个1磅重的物体单位，并将它们依次提升1英尺，那么这显然相当于将1磅重的物体接连4次提升1英尺。现在把物体下落1英尺所获得的速度定为一个单位。4磅重的物体下落1英尺必定获得4个单位的力。按照笛卡儿的公式，将这个力转移到1磅重的物体会使它获得4个单位的速度。笛卡儿再次与伽利略的结论相矛盾，因为伽利略已经证明，如果以1个单位的速度向上抛的物体上升1英尺，那么以4个单位的速度向上抛的物体将会上升16英尺。

> [莱布尼茨总结说，]正如我们表明的，运动的力与运动的量之间有很大差别，两者不能彼此推算出来。由此看来，力似乎可以从它所能产生的结果的量估算出来；比如从它可以将一个给定大小和种类的重物提升到的高度，而不是从它能够赋予物体的速度来估算。

136 动量守恒一直是笛卡儿自然哲学的一根支柱，守恒律本身与莱布尼茨的世界观是一致的。他说，如果力能够增加，“那么结果将比原因更强大，或者更确切地说，将会存在一种永恒的机械运动，这种运动能够再现它的原因和更多东西，而这是荒谬的。但如果这个力可以减少，它最终将完全消亡；因为如果力永远也不能增加，但可以减少，那么它将一直逐渐衰微，这无疑是违反事物秩序的。”倘若没有来自外界的新的推动（impetus），甚至连整个世界也不可能增加它的力。力是守恒的，但它的量度是什么呢？莱布尼茨认为，速度并不能令人满意地度量它。只有用一个完全把力耗尽的结果才能度量力，提升重物就是这样一个结果。因此，莱布尼茨认为，重量乘以它下降或上升的高度必定优先于质量乘以速度。笛卡儿的错误一直是把运动的量和运动的力混为一谈。能够抛开结果来度量力本身吗？莱布尼茨的回答隐含在他使用的例子中。力的度量是物体的质量乘以其速度的平方，即惠更斯给出的那个数。

莱布尼茨认为，动量这个概念来源于天平这样的简单机械。当处于平衡的天平的两臂发生转动时，两边的重量与它们的速度成反比；既然它们处于平衡状态，所以它们的力似乎是相等的。莱布尼茨认为，只有在这种静态情况下，力才等于动量。他把静态的力称为死力（dead forces），即运动趋势（他称之为“倾向”[*conatus*]）的开始或结束。而在活力（living forces）即完全起推动作用的力的情况下，动量不可能是力的量度。“因为活力之于死力，或者推动（impetus）之于倾向（conatus），就如同线之于点，或者面之于线。”

对莱布尼茨来说，活力（*vis viva*）显然远不只是一个数。作为存在本身的本质，活力承载着一种形而上学含义，其蕴含的意义远远超出了力学领域。在莱布尼茨看来，活力守恒就相当于上帝创造的这个世界的永恒。在力学中，它使我们更深刻地理解了一些问题。首先当然是匀加速运动中力的增加，即他用来证明笛卡儿错误的问题。第二个问题是碰撞，在这个问题中，他利用了惠更斯的分析但又有所超越。对于惠更斯来说，弹性始终是一个问题，他把完全坚硬的物体的碰撞视为理想情形。在这种情况下，碰撞是 137 瞬间的，原来的运动继续沿相反方向进行。莱布尼茨着手分析弹性碰撞的动力学，认为运动物体的活力在物体静止时转化为弹性力，由这种弹性力又产生了沿相反方向的新运动。莱布尼茨把他的分析扩展到把非弹性碰撞也包括进来。当两个以相等速度沿相反方向运动的黏土块相互碰撞时，它们都会静止下来。这时活力的情况如何呢？莱布尼茨承认，黏土块本身失去了它们的活力，

> 但总力的这种丧失并不违反世界上这种力的守恒定律的不可违背的真理性，因为被微小部分吸收的东西对于宇宙来说并没有绝对失去，尽管它对于相合物体的总力来说是失去了。

认为大物体失去的力转移到了其各个部分中，这种看法对未来可能产生重要意义。莱布尼茨本人基于先验的理由断言了它，以拯救活力守恒原理。他没有意识到，各个部分的力（或者说它们的运动）可以作为热来量度。

莱布尼茨不再像惠更斯那样故意将力学限制于运动学，在不涉及力的情况下来讨论运动。他创造了“动力学”一词来描述一种建立在力的概念基础上的力学。然而，莱布尼茨的力的概念与牛顿之后现代物理学所使用的概念不同。很容易把莱布尼茨使用的“力”转换成我们的术语——“动能”。虽然他的自然哲学与笛卡儿不同，但它仍然接受了这样一个前提：力并不是作用于物体以改变其运动的东西，而是物体所具有的某种东西。莱布尼茨的死力概念已经接近了那个概念，但他把死力局限于静态情形。虽然

他将弹性力与重性相比较，作为一种能够产生活力的死力，但他的分析没有深入下去。

莱布尼茨的力学工作利用了伽利略和惠更斯的早期成果，这两人都是用古典几何学的比率来表述成果的。几何学的局限性在很大程度上将力学限制于以匀加速为最大复杂性的问题。惠更斯 138 在某些问题上成功地超越了这些界限，他对摆线的等时性和物理摆的振动中心的等时性的证明，是以古典几何学表达的力学的最高成就之一。然而到了17世纪末，一种新的强大数学工具已经发明出来，那就是无穷小演算或微积分。莱布尼茨本人是其发明者之一。通过微积分并且借助于17世纪力学发展出的概念工具，可以对更复杂的运动进行精确描述。

17世纪力学的重大进展大都涉及笛卡儿的矛盾。虽然机械论哲学主张，组成宇宙的物质微粒的运动受力学定律的支配，但是对运动的精确描述却多次导致力学科学与机械论哲学之间的冲突。伽利略对匀加速运动的描述能够最清楚地反映这一点。笛卡儿故意对这种冲突置之不理，17世纪未能发明出能够成功解释它的机制。莱布尼茨关于活力的论点最终依赖于伽利略的匀加速运动概念。在莱布尼茨那里，两者之间的冲突开始通过修改机械论哲学来解决。他认为，自然只有在现象层面上才是机械的，最终的实在由活动中心（centers of activity）所构成，这个概念与机械论哲学中物质的完全被动性截然相反。即使在莱布尼茨那里，“力”也是指物体的活动，而不是对物体的作用。17世纪的机械论哲学使人们不可能发展出一种作用于物体以改变其运动状态的力的概念,这个概念将会极大地推动对数学力学的详细阐释。托里拆利暗示了它对数学力学可能有什么贡献,不过是以机械论哲学所无法接受的方式暗示的。历史需要等待艾萨克·牛顿重新拾起这个概念,用它来扩展力学和修改机械论哲学。

第八章　牛顿的动力学

人人都承认艾萨克·牛顿在科学史特别是17世纪科学史上的地位。牛顿的成就不仅是里程碑式的，代表着人类理智的最高成就之一，而且也将17世纪科学的主要流派汇聚起来，解决了科学革命尚未解决的一些重大问题。在解决问题的同时，他的工作并不意味着科学事业已经结束或停顿下来。和所有天才作品一样，他的著作每解决一个旧问题，又会引出两个新问题，如果说他的工作总结了17世纪的科学革命，那么它也开创了18世纪的物理科学。在牛顿那里，机械论自然哲学从根本上得到修正，变得更加复杂，在接下来两个世纪里为西方世界的科学思想提供了框架。

牛顿之所以在科学史上占有特殊的地位，还有其他一些原因。由于他几乎从未毁掉手稿——有大量写满了数学计算的手稿留存至今——我们对他的研究并不限于那些完成的和经过打磨的作品。他的大量阅读笔记使我们能够指明他所受的重大影响；通过研究从他大学时代开始的各种笔记本，我们可以追溯他研究自然的步骤。一幅在思想史上独一无二的描绘思想大师进步历程的详细画面展现在我们眼前，它使我们能够按照牛顿本人的构想来理解他的工作，并把它置于17世纪科学的背景下进行分析。

当然，这种背景就是流行的机械论自然哲学，它促使牛顿迈出
140 了科学思想的最初步伐。牛顿本科时就读过笛卡儿、伽桑狄、霍布斯、波义耳等机械论哲学家的著作，并立刻被他们的观点所吸引。在一本笔记本中，牛顿匆匆记下这些作品的片段及其引出的问题，并确信机械论哲学的原子论版本有很多优点。笔记本中的这些条目开启了他对物理实在最终本性的持续一生的思辨。

1675 年以前，他的思辨已经形成了他自创的一个自然体系。那年，他以《解释光属性的假说》为题向皇家学会提交了该体系的一个版本。如标题所示，这篇论文主要讨论对光学现象的解释，特别是他在一篇附带的手稿中描述的“牛顿环”这一周期性现象。然而，它远远超出了光学的范围，实际上构成了一个简要但却详细的机械论自然体系。其基本断言是，整个空间中充满了一种由很小的微粒组成的流体——以太。密度上的变化使以太改变了穿过它的光微粒的方向，就光学现象而言，《解释光属性的假说》的要点是想表明，所有光学现象都能通过这种方向上的变化来解释。除了光学，他还用以太来解释感觉和肌肉运动、物体的内聚力和重性等各种现象。他认为所有物体都是由凝结的以太构成的，在解释以太在太阳中的凝结时，他首次不够明确地公开提出了万有引力定律。随着以太在地球上的凝结，以太不断地朝地球运动，带着粗大的物体下降并使之显得沉重，同样，以太在太阳中的凝结也形成了类似的运动，把行星维持在轨道上。

《解释光属性的假说》体现了机械论自然哲学的所有典型特征。牛顿思辨的一个特点是，有一组特定的现象一直在其中发挥着作用，这些现象大都已经出现在他的本科笔记本中，并且在他的

各种思辨版本中继续被引用，直到在《光学》所附的“疑问”中得到最终表述。当然，它们也出现在《解释光属性的假说》中。物体的内聚力便是其中一种现象，它在机械论体系中通常被归因于各个部分的相互连接，而笛卡儿是通过各个部分的相对静止来解释它的。牛顿对这个问题的两种解决方案都不满意。气体的膨胀则是另一个问题。当罗伯特·波义耳表述空气压力的概念时，他用羊毛作类比。羊毛被压缩时会弯曲并聚拢在一起，压缩力解除时又会恢复原来的位置。但实验表明，空气的体积可以膨胀几千倍，牛顿确信，像波义耳那样粗糙的机械论类比无法解释这么大倍数的膨胀。两种化学现象引起了他的注意。一些反应中会产生热量。牛顿认为，热是物质微粒的运动所引起的感觉；那么当两种冷物质慢慢混合在一起时，运动从何而来呢？表现出亲和力的反应也引起了他的兴趣。举一个他认为与这类反应完全相同的例子，很难解释为什么水与酒相溶，却不与油相溶。他谈到“自然之中有某种秘密原则，使酒与某些东西相宜，而与另一些东西不相宜”。秘密的相宜性原则，这让我们想起了机械论哲学所要驱除的隐秘性质的幽灵。事实上，牛顿终生思辨的所有关键现象都有一个共同的特征——所有这些现象都是难以用机械论哲学的标准手段（即微粒的形状、大小和运动）来解释的疑难现象。

141

当然，必然会有机械论哲学难以解释的现象。机械论哲学基于这样一个前提，即实际的自然与我们感官所描述的现象有所不同。正如我们所看到的，人们设想了各种微观机制来解释这种困难。牛顿的以太假说显然就是为此而设计的。然而，他对这些现象标准的机械论解释显然不满意。当他在 1686 年和 1687 年撰写

《自然哲学的数学原理》时,微粒之间的力已经取代了先前其思辨中的以太。20年后,在拉丁文第一版《光学》(1706)的疑问31中,牛顿给出了这些思辨的确切形式。

> 物体的微粒是否具有某种能力、效力或力量呢?凭借这些,它们能对远处的东西发生作用,不仅能作用于光线而使之发生反射、折射和弯曲,而且还能彼此之间相互作用而引起诸多自然现象?众所周知,物体能通过重力、磁力和电力的吸引而发生相互作用;这些事例显示了自然界的意向和趋势。但除此之外还可能有更多种的吸引力。因为大自然本身是和谐一致的。

142

疑问31进而详细讨论了这种断言的证据。许多证据都是化学的。酒石酸盐(K_2CO_3)会发生潮解,要把它从吸饱的水中分离出来是很困难的。酒石酸盐显然吸水。当把酸倒在铁屑上时,铁屑溶化并伴随着巨大的热量和强烈的沸腾,因为相互吸引使这些微粒发生了激烈的碰撞。

> 是否出于同样的理由,当精馏过的酒精倒在同一种硝石精中就会发生火光;而由硫、硝石和酒石酸盐组成的"爆炸粉"爆炸时,要以火药更为急促和剧烈,是否也是由于硫的酸精与硝石彼此碰撞,并且非常剧烈地冲向酒石酸盐,其剧烈程度足以使整块爆炸物在碰撞时顷刻间化为蒸气和火焰?

对于产生热量的反应，他又增加了那些显示出有选择的亲和性的反应，比如在置换反应中，把一种金属加入酸溶液会析出另一种金属。微粒之间的力并不都是吸引力，有些微粒是相互排斥的。盐在水中的溶解就需要这样的排斥，因为整个溶液会变成咸的，倘若其微粒不相互排斥，而盐比水重，就会沉到底部。非化学现象也指向了同样的力。物体的内聚力和毛细作用显示出吸引，而气体的膨胀则是排斥的产物。吸引与排斥的关系是什么呢？牛顿说，在代数中，负数在正数结束的地方开始。同样，物质微粒在近距离处彼此强烈吸引，引起物体内聚。但如果微粒被摇得松了下来，后退的距离超过了一定范围，排斥就会替代吸引，从而使比如水蒸气膨胀到巨大的体积。

与当时流行的机械论自然哲学相比，牛顿承认作用于物质微粒之间的力，是一次重大突破。他对磁性的处理为这种变化提供了一个颇具启发性的例子。在 16 世纪，磁性是被认为弥漫于宇宙中的神秘影响的最重要的例子。因此，机械论哲学家不得不通过发明一种看不见的机制来解释磁吸引。牛顿在其早期著作中也做过同样的事情。在他成熟的作品中，磁吸引被当作超距作用力的一个例子。牛顿给他的力赋予的特异性（specificity）也接近了早期的思维模式。当他在疑问 31 中讨论微粒之间的吸引和排斥时，他并不是指所有微粒都凭借一种普遍的力来吸引附近的微粒、排斥远处的微粒。比如就化学亲和性而言，某些物质只能吸引其他特定的物质。将溶解的盐驱散的排斥力被认为只作用于盐微粒之间，而不在盐和水之间。难怪牛顿的批评者会认为他正在回归文艺复兴时期自然主义的风格，破坏科学的基础。

143

牛顿本人认为，微粒之间的力并不是对机械论哲学的否定，而是可以完善机械论哲学。通过增加除物质和运动以外的第三个范畴——力，他试图使数学力学与机械论哲学相协调。对他来说，力从来不像文艺复兴时期自然主义的共感和反感那样是一种隐秘的质的作用。他把力置于一种精确的力学背景下，力通过它所产生的动量来衡量。诚然，他从未成功地将疑问 31 中讨论的大部分力都归结为数学描述。在一个有趣的实验中，他在两片玻璃之间滴入一滴橙汁，试图量化毛细吸引力（见图 8.1）。通过测量玻璃片之

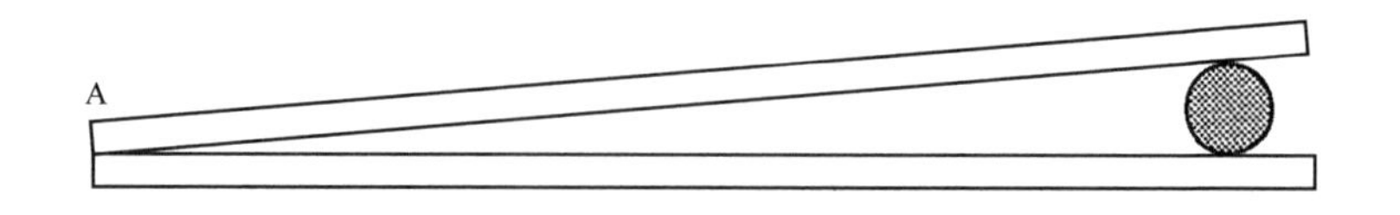

图 8.1 对毛细吸引力的测量。两片玻璃大约两英尺长，一端相互接触，另一端隔开一段很小的距离，使一滴橙汁与两片玻璃相接触。当 A 端升起时，橙汁的重量反抗毛细吸引力，牛顿试图让这两个力达到平衡来测量毛细吸引力。

间的距离和与橙汁的接触面积，他根据被提升橙汁的重量计算了吸引力。他在《自然哲学的数学原理》中证明，如果空气微粒以反比于其间距的力相互排斥，则波义耳定律必定成立。疑问 31 中提到的力大都只有定性的讨论，仅仅指出了似乎能证明它们存在的证据。然而原则上，所有这些力都需要作精确的数学描述。因此对牛顿来说，力的概念是将伽利略传统引入机械论哲学的手段。他用一种力圆满而出色地完成了这项任务。没有力的概念，万有

144

引力定律就无从设想。在万有引力定律中，力的概念将自然科学的精致性提高到一个新的水平，自那以后一直是科学证明的范式。

牛顿对力学的兴趣源于他对自然哲学的早期研究。其本科笔记本中的标题之一就是“受迫运动”，这是一篇关于抛射体的短文，包含着对惯性原理的讨论。1664年结束之前，他所做的不仅仅是趋近惯性原理。

> [他宣称]除非受到某种外部因素的干扰，每个物体都会自然地保持原来的状态，因此物体一旦运动，就将永远保持同样的运动速度、运动的量和运动的方向。

这段话使用的具体语言显示了笛卡儿的影响，牛顿一直在读他的《哲学原理》。牛顿用这种语言阐述的一系列命题暗示了机械论自然哲学。在这些命题上方，牛顿写下了“论反射”这一标题，也就是说，他正在思考碰撞问题，这是业已接受的机械自然观的唯一作用方式。他在讨论这个问题之前，已经得出了惠更斯大约五年前得出的结论，即两个孤立的碰撞物体的重心保持静止或匀速直线运动。在同一时期的另一篇论文中，牛顿在惠更斯理论的基础上更进了一步，给碰撞物体加上了旋转运动，得出了角动量守恒原理。在“运动定律”这一标题下，他导出了任意两个同时作平移运动和旋转运动的物体的碰撞公式。论文标题也表明了它更大的适用范围。17世纪60年代，对牛顿而言，运动定律就意味着碰撞定律。

145

但与此同时，牛顿又开始了另一项研究。在《论反射》中，牛顿讨论了不同大小的物体的运动。

> 因此可以看出，在运动的物体中，为何以及如何一些物体需要一个更强大或更有效的原因，另一些物体需要一个不那么强大或有效的原因，来阻碍或帮助它们的速度。这种原因的力量通常被称为力。由于这个原因用它的力量或力阻碍或改变了物体对其状态的保持，可以说它在努力改变物体的持续（perseverance）。

什么是力？在流行的机械论哲学中，它只可能意味着一件事："力是一个物体对另一个物体的压力或推挤"。笛卡儿、伽桑狄和波义耳都会同意这一点，而牛顿却提出了一个他们都没有提出的问题。笛卡儿倾向于把运动微粒看成因果动因，曾经谈到"物体运动的力"。而牛顿正在用一个抽象的量来衡量物体运动的变化。碰撞是他当时愿意承认的力的唯一来源，因此，牛顿使用的"力"在本体论上与笛卡儿的"物体运动的力"并没有什么差别。

> 如果两个物体 p 和 r 彼此相遇，那么两者的抵抗力是相同的，因为 p 对 r 有多大压力，r 对 p 就有多大压力。因此，它们的运动必须发生同样的变化。

这一命题可以追溯到笛卡儿的断言，即一个碰撞物体所能得到的运动只能与另一个物体失去的运动一样多。但牛顿的陈述同样深植于可以追溯到伽利略和笛卡儿的数学力学的语境中。引起运动变化的力的概念是他对力学贡献的核心。

牛顿在另一篇早期论文中讨论了圆周运动问题。利用笛卡儿的洞察力，他把握了圆周运动的基本物理要素——物体必须持续偏离其自然的直线路径，才能沿着圆周路径运动。如果对讨论碰撞时所采用的观点加以扩展，本应促使牛顿去研究使物体发生偏转、沿着圆周运动的力。但他并没有这样做，而是和圆周运动的其他早期研究者一样，去考察一个受限于圆周运动的物体远离中心的趋势——惠更斯的离心力。和惠更斯一样，牛顿也试图对这种力进行定量测量，这是一个难以解决的问题，因为力的概念所量度的乃是碰撞中发生的总的运动变化。为了在圆周运动中使用这 146

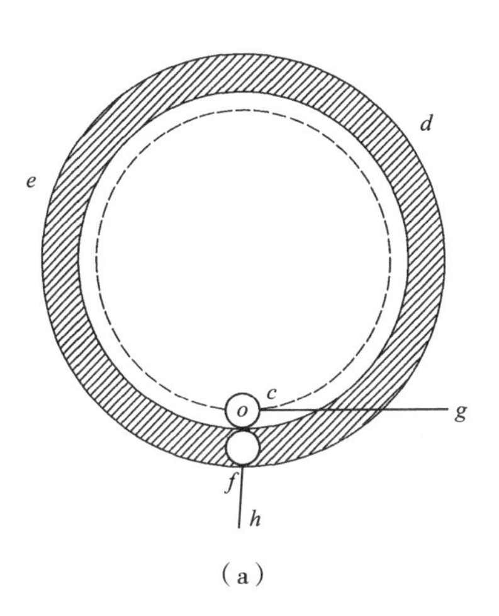

(a)

图 8.2 (a) 圆柱体 def 限定着物体 o 沿一个圆周路径运动。当 o 在 c 时，它倾向于沿着 cg 线运动，压住圆柱体。想象 def 由多个分开的物体所组成，比如 f 处的物体。作圆周运动时，物体 o 压住其中每一个物体，并把运动传递给它。牛顿设想所有这些运动都传递给 f，它沿 fh 的运动就构成了物体 o 在旋转一周的过程中远离中心的总力。

一概念，他想象运动物体在围绕一个圆周偏转时撞击无数个相同物体，而传到其他物体的所有运动都转移并集中到其中一个物体上(见图 8.2)。通过这种方式，他得出了物体在旋转一周的过程

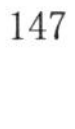

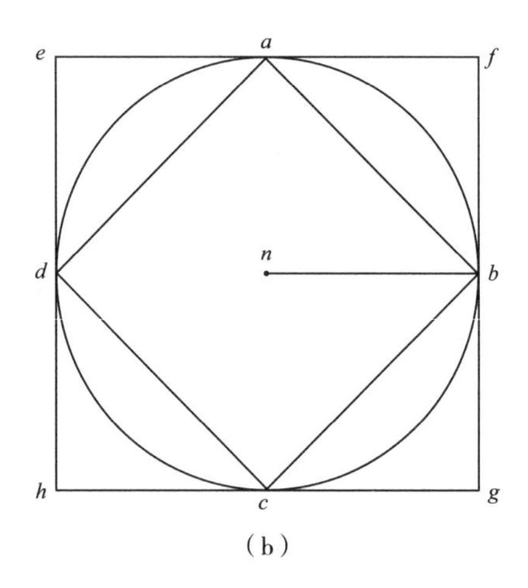

(b)

(b)牛顿对圆周运动的定量处理。图中(b 处)的物体在圆柱体内部走一条方形路径。牛顿表明，四次反射的力与物体运动的力之比等于其路径的长度(ab + be + ed + da)与半径 nb 之比。他进一步证明：当方形变成一个多边形时，同样的比率保持不变，直到多边形接近圆这个极限时，比率变成了周长与半径之比。

中施加的总力(等于在另一个物体中产生的总运动)概念，这个概念类似于施加在下落物体(比如下落一分钟)之上的总重力，也类似于一次碰撞的力。他从一条正方形路径开始作几何分析，不断增多多边形的边数，使之接近于一个圆，他证明了旋转一周过程中的总力与物体运动的力(用我们的术语说就是物体的动量)之比等于圆的周长与半径之比(见图 8.2)。如果用总力除以旋转一

周所需的时间$\frac{2\pi r}{v}$,就可以从牛顿的结论中导出我们的离心力公式 $F=\frac{mv^2}{r}$。

在 17 世纪 60 年代的另一篇论文中,牛顿用这个公式比较了月球的离心倾向和地球表面的重力加速度,并且对诸行星的离心倾向作了相互比较。后一个问题只不过是用牛顿的离心力公式来取代开普勒第三定律,假定行星作纯粹的圆周运动,他发现后退的倾向与轨道半径的平方成反比。他还发现,月球远离地球的倾向是地球表面重力加速度的 1/4000,由于他把月球放在 60 倍于地球半径的距离处,所以这个数接近于平方反比关系。这篇文章包含着万有引力定律所依赖的基本数量关系。 148

很久以后,牛顿说,他在 1666 年做过计算,想看看重力能否延伸到月球并把它保持在轨道上,他发现了"非常接近"的数值。显然,他指的是这篇论文。但必须强调两点。万有引力定律要求测得的重力加速度与月球加速度必须精确关联。牛顿只发现了一个近似值。他用这个数值来表示伽利略《关于两大世界体系的对话》中的地球半径,这个数值太小了,直到后来精确地测量了地球,他才能够对其进行纠正。同时,相关性并不精确。其次,这篇论文根本没有使用吸引的概念。他仍然在流行的机械论哲学的框架内进行思考,他谈到的不是引力的吸引,而是后退的倾向。

一个十多年的插曲打断了牛顿的力学研究,因为光学和数学引起了他的注意。1679 年,他收到亨利·奥尔登堡(Henry Oldenburg)去世后继任的皇家学会秘书罗伯特·胡克的一封信,要牛顿继续其哲学通信。牛顿在答复中拒绝定期发函。他已经"与哲学握过手”，不愿再花时间。但他又不能到此为止，为使这封信完备，他建议用一实验来证明地球的旋转（见图 8.3）。反对地球运动的旧观点认为，由于地球围绕着垂直的轴转动，从高塔上落下的物体应该落在西边；而牛顿则认为，这个物体应该落在东边，因为它在塔顶的初始切向速度超过了塔基的速度。他用一幅图显示，物体的路径是终止于地心的螺旋线的一部分。这是一个小错误，曾被牛顿公开羞辱的胡克不会放过它。想象中无阻力地穿过地球的物体的轨迹不会终止于地心；随着物体回到原来的高度，它将是

149

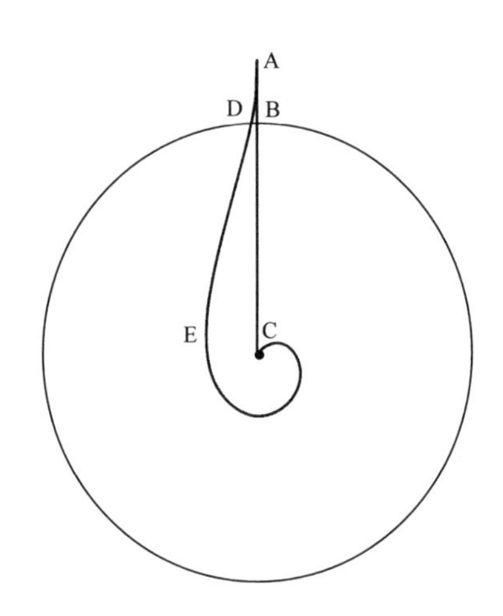

图 8.3　证明地球运动的实验。牛顿画出了在绕轴自转的地球上从塔 AB 的顶端 A 释放的一个物体下落的路径。

一个椭圆形。胡克说，由他关于切向运动加中心吸引的轨道运动理论可以得出这个结论。对于别人的纠正，牛顿并不以善意回敬。他在回复中干脆利落地承认了自己的错误，并进而纠正胡克对轨

道的描述，说它不可能是一个封闭的椭圆。胡克的回复则包含了第二枚重磅炸弹。如果中心吸引力是恒定的，那么牛顿所说的轨道就是正确的；但他认为，吸引力与距离的平方成反比。牛顿没有再回复，但他后来承认，胡克的信促使他证明，当物体围绕椭圆轨道旋转且引力中心被置于该椭圆的一个焦点时，吸引力必须反比于与焦点距离的平方。就这样，在 1679 年或 1680 年，牛顿证明了万有引力定律所依赖的两个中心命题之一。

150 为什么 1679 年牛顿能比 1666 年更进一步呢？当《自然哲学的数学原理》(*Philosophiae naturalis principia mathematica*)[①]在 1686 年完工时，胡克声称牛顿剽窃了他的观点。几乎所有历史学家都反对这种说法，前面引述的牛顿的早期论文（对于这些论文，胡克当然一无所知）表明，在与胡克通信之前，他已经走了很远。而且在胡克那里，引力概念始终仅限于文字讨论而没有数学证明，而万有引力定律的有效性完全依赖于数学证明，只有牛顿提供了这种证明。然而在 1666 年，牛顿想到的并不是中心吸引力，而是离心倾向。胡克将这个颠倒的问题正了过来，他把轨道运动的机械要素确定为切向速度和中心吸引力，从而使万有引力概念可能出现。还要补充一点，胡克的种子落在了准备好的土壤里，因此可以生根发芽。时间安排不可能比这更好了。恰好在牛顿推断微粒之间存在力的时候，胡克提出了中心吸引力。牛顿得以接受他以前从未接受的吸引力概念。反过来，吸引力概念又为他早期力学工作所着眼的对力的数学抽象提供了物理内容。总而言之，产生

① *The Mathematical Principles of Natural Philosophy.*

万有引力概念的所有因素现在都已经具备。

但与胡克的通信并没有留下什么有价值的成果，只有一份私人手稿显示，椭圆轨道可能源于一种平方反比的吸引力。1679年，牛顿刚刚开始从一种情绪低落中恢复过来；5年来，他几乎把自己与剑桥以外的科学界隔离起来。1684年8月，埃德蒙·哈雷（Edmond Halley）来访，他一直在思考轨道问题，但没有取得成功。哈雷直截了当地问，一个物体围绕另一个物体运转，后者对前者的引力与它们距离的平方成反比，那么前者的轨道是什么？牛顿回答，是椭圆。哈雷问牛顿是怎么知道的？牛顿说他做过计算。然而当他去寻找那张手稿时，却没有找到。不久，他又重新证明了这个命题，那次会面的最终结果就是《自然哲学的数学原理》，这151一不朽的里程碑式著作确保了牛顿在科学史上的地位。哈雷离开剑桥之前，牛顿向他许诺会把证明寄给他。那年秋天，哈雷收到了一本论运动的小册子，其中包含着最终著作的关键命题，这本小册子也被提交给皇家学会。在皇家学会的鼓励下，牛顿完成了它，并于1687年7月出版。历史已经表明，如果没有哈雷，《自然哲学的数学原理》是不可能写成的，哈雷不仅鼓励牛顿，还用自己微薄的财力资助其出版。这个判断也许是正确的，但还有其他一些因素与之相关。哈雷1684年见到牛顿时，牛顿刚刚从1679年的情绪低落中摆脱出来，开始能与外界打交道。1679年胡克的信碰巧出现在牛顿思想发展中一个恰当的时间点；1684年哈雷的来访也碰巧发生在牛顿的情绪比较稳定和快乐的时候。1684年春天，牛顿开始撰写一篇数学论文，表明他又开始关注科学界了。哈雷在1684年12月收到了一本简短的小册子，但牛顿已经开始对它进行大幅修改，大大增加了它的体量和内容。哈雷也许打开了喷泉口，但它一旦打开，《自然哲学的数学原理》就从牛顿那无尽的天才宝库中自动喷涌出来。

《自然哲学的数学原理》第一卷丝毫没有提及万有引力。它是一篇理性力学论文，为把轨道运动纳入一个包含地界和天界现象的统一力学体系做好了准备。《自然哲学的数学原理》的重要性主要在于第一卷，而不在万有引力定律。在第一卷中，牛顿使 17 世纪的力学科学达到了最完美的程度，从此以后一直是被成功数学化的科学的公认典范。

这一卷以基本定义和三条运动定律开篇。第一定律表述了现在仍在使用的惯性定律形式，但这个概念本身直接源自伽利略和笛卡儿。第三定律，即作用力和反作用力定律，是牛顿原创的，但可以把它看成对惠更斯已经证明的碰撞中运动变化的动力学扩展。另一方面，第二定律及其相关定义将力的概念有效地引入了理性力学。有了力的概念，伽利略的运动学就能通过动力学来完善了。“运动的变化与施加的推动力成正比，并且沿着施力方向发生改变。”严格说来，牛顿说的是 $F = \Delta mv$，而不是我们所熟悉的第二定律形式 $F = ma$ 或 $F = \frac{d}{dt}mv$。牛顿对这条定律的表述既反映了他早期对碰撞的思考，也反映了他要求以几何学的方式来呈现《自然哲学的数学原理》。他认为，当 Δt 趋近于零时，$F = \Delta mv$ 就趋近了 $F = ma$ 这个极限。力的定义与质量的定义相关，现在质量第一次与重量明确地区分开来。 152

《自然哲学的数学原理》中的运动定律必须与他的早期论文“运动定律”进行比较。在这篇早期论文中，这些定律被总结成一个一般的碰撞公式。而在《自然哲学的数学原理》中，他在定律的两个推论中不再考虑碰撞，而是将其视为惯性运动的一个特例。他的注意力现在集中于物体在各种力的影响下的运动。

第一卷把运动定律应用于质点，尤其是围绕吸引中心旋转的质点。为此，牛顿创造了“向心力”这个术语，故意与惠更斯的术语“离心力”形成对比。这个术语重复了胡克在1679年的通信中向牛顿宣布的见解。由于牛顿对圆周运动的处理优于惠更斯之处主要体现在这个术语所重复的观点，所以胡克的贡献是不容忽视的。当牛顿进而用数学证明来充实内容时，他步入了胡克从未涉足的领域。牛顿证明，开普勒的三条行星运动定律都可以从动力学中推导出来。面积定律必定适用于吸引力使运动物体偏离其惯性路径的所有情形。当这种力的大小与距离的平方成反比，并且切向速度低于一个临界值时，物体将会沿着椭圆（或其极限，圆）这种圆锥曲线运转。不仅如此，在反平方力的情况下，围绕单个吸引中心运转的若干个物体必定服从开普勒第三定律。当然，平方反比关系最初是用向心力定律替代开普勒第三定律推导出来的。要证明开普勒第一定律即椭圆轨道同样源于一种平方反比力，是非常困难的。这是万有引力定律所基于的关键命题之一。

153　第一卷讨论的是理想化质点的无摩擦的运动，而第二卷则考察了物体在阻滞流体中的运动以及这种流体本身的运动。第一卷依赖于伽利略、笛卡儿和惠更斯的早期成就，并使之达到了更高水平。就第二卷而言，只有一些最粗糙的先例可用，所以它实际上构成了数学流体动力学的开端。虽然这卷开创性的研究工作不可避免会有错误，但把一系列新问题纳入理性力学的范围并不亚于第一卷的成就。第二卷最精彩的部分是对笛卡儿涡旋的考察。牛顿证明，涡旋永远无法产生一个按照开普勒三定律运转的行星系统。更令人信服的是，他证明了涡旋不可能是一个自我维持的系统，只有当一个外力持续转动它的中心体时，它才会保持匀速运动。正如他后来表明的，涡旋系统面临很多困难。

有了第一卷的准备工作和第二卷对笛卡儿体系的批驳，牛顿在第三卷把他的动力学应用于宇宙体系。天文学提供了两个有卫星环绕的中心体系统——太阳系以及木星及其卫星，这些卫星都服从开普勒第三定律。通过援引齐一性原则，他得出结论：在自然之中起作用的必定是同一种平方反比力。幸运的是，地球也有一颗卫星，不过当然，仅此一颗。即使有两颗卫星，且都服从开普勒第三定律，牛顿的证明也将是不完整的。他的目的是要证明，不仅把卫星保持在轨道上的力本质上是相同的，而且它们与大家所熟知的使苹果下落的地球上的力也是相同的。总之，万有引力定律依赖于月球的向心加速度与地球表面的重力加速度是相关的——不是他在 1666 年获得的那种近似的相关性，而是严格的相关性。

这里出现了另一个问题。就太阳和行星而言，似乎可以把它们当作质点来处理，甚至就月球和地球而言，与它们的间距相比，这些天体也不算大。问题出现在苹果和地球上。初看起来，树上的苹果距离地球似乎不过十几英尺，而牛顿提出的相关性却要求它们相距 4000 英里。也就是说，牛顿正在使用苹果与地心的距离（见图 8.4）。第一卷中的一节的重要性在这里显示出来，牛顿在那一节考察了由吸引微粒组成的物体的吸引力。他证明，一个由吸引力与距离的平方成反比的微粒所组成的同质球体（或由若干同

154

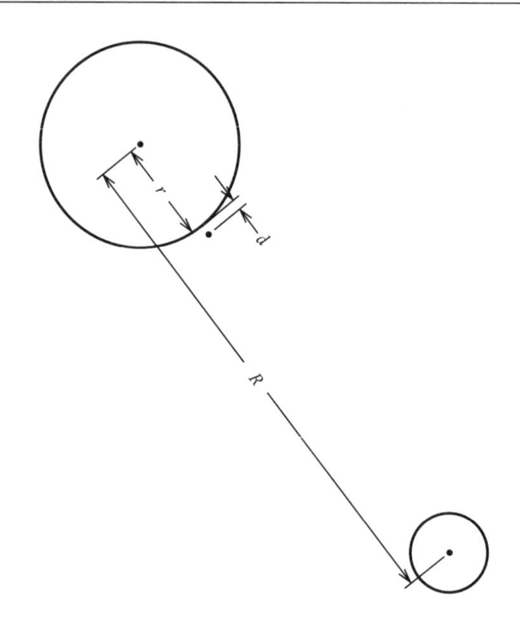

图 8.4　地球、月亮和苹果。与地球距离为 R 的月球的向心加速度与苹果的向心加速度之间的相关性要求，苹果与地球的距离不是 d，而是 r + d。在实际运算时，这个距离可以用 r 来代替。

质球壳组成的球体)，会以这样一个力来吸引外面的任何物体，这个力与球体物质的量(或质量)成正比，与物体距球心距离的平方成反比。也就是说，这样一个球体所产生的吸引就好像它的整个质量都集中在其中心点上。有了这个证明，以及月球的向心加速度与重力加速度的严格相关性，牛顿就可以表述万有引力定律了：“存在着一种与所有物体相关的引力，这种引力与它们所含的物质的量成正比。”宇宙由相互吸引的物质微粒所组成，这种吸引力与微粒质量的乘积成正比，与微粒距离的平方成反比。

155

从太阳系固有的动力学必然性中导出了万有引力定律之后，牛顿在第三卷的其余部分用它来解释一些更为复杂的现象。在牛顿那个时代，人们已经确定，秒摆的长度在赤道要比在欧洲稍短。牛顿以定量的精确性从万有引力定律中推导出了这种现象。科学界一直对潮汐感兴趣，牛顿表明，是太阳和月亮的吸引力引起了潮汐——这是对引力相互性的一个重要确证。在当时已知的所有天体现象中，月球的运动是最不规则的。牛顿把月球看成一个同时被地球和太阳吸引的物体，表明万有引力定律也许能够解释月球运动的不规则性。这个问题非常复杂，牛顿的月球理论还不够完善。天文学家在 18 世纪完善了它，从而使万有引力定律得到进一步确证。牛顿在二分点进动和地轴的缓慢振荡方面取得了更大的成功，而他取得的最大成功则是解决了彗星轨道问题。在牛顿之前，彗星的运动似乎不服从任何定律；牛顿证明，彗星的运动同样受制于支配行星运动的动力学定律。

虽然牛顿在写作《自然哲学的数学原理》大约 20 年前就已经发明了微积分，但在莱布尼茨独立发明微积分之前，他并没有把微积分用于这部伟大著作。几何学仍然被视为科学的语言，他使用的是几何学。他的确使用了最终比率和初始比率的概念，在某些方面类似于微分（见图 8.5）。不过，牛顿的概念和结论很容易转换成微积分的语言，他在 18 世纪的追随者采用了莱布尼茨版本的微积分来扩展牛顿力学的范围。

牛顿构想的引力吸引不同于《光学》的疑问 31 中讨论的微粒之间的力。那些力被认为不是普遍的，而是特定的，一种类型的物

156

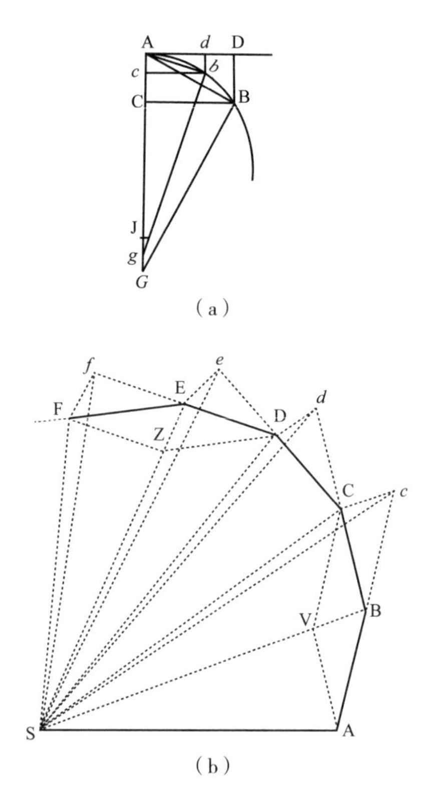

图 8.5　(a)当 D 趋近于 A、半径 GB 与半径 JA 渐趋重合时，DB / AD(或 db / Ad)的最终比率是与微分类似的数学概念。(b)《自然哲学的数学原理》中的一幅典型的图。在定义问题时，离散的向心脉冲改变了物体在 A、B、C、D、E 和 F 处的方向。然后增加多边形的边数，恒定的向心力与 B 处的动量之比是 BV 与 AB 的最终比率。

157 质只作用于另一种与之有关的物质，正如磁铁吸引铁而不是铜。而引力则被认为是所有物质对所有其他物质的吸引。它是普遍的，这种普遍性确证了机械论哲学的一个基本原则,即所有物质都是同一的。然而,这种引力使机械论哲学家深感不安。1687 年,当《自然哲学的数学原理》即将出版时,一位来到英国与牛顿会面的年轻瑞士数学家写信给惠更斯,告诉了他这部即将问世的论述宇宙体系的著作。惠更斯回复说,他期待看到这部著作,但希望它不是另一种引力理论。可惜结果正是如此,机械论哲学家沮丧地举手认输。什么是引力?它要么有一个机械原因,这是牛顿应当解释的,要么是一种隐秘的性质,这是不可接受的。

最后,牛顿承认了这种批评,因为他在 1717 年英文第二版的《光学》中包含了 8 个新的疑问(疑问 17 到 24),在这些疑问中,他通过一种遍布于宇宙中的以太来解释引力的作用。然而,这种妥协只是表面上的,因为新的以太是由相互超距排斥的微粒构成的。毫无疑问,牛顿认为微粒之间的力具有本体论上的实在性,而不仅仅是现象。在讨论这些力的原因时,牛顿把它们直接诉诸神的作用。

然而,是什么使牛顿相信必须给机械论宇宙的本体论增加一个新的范畴呢?这主要是因为牛顿的科学理想。惠更斯与莱布尼茨曾在 17 世纪 90 年代讨论过牛顿的理论,从中可以看出他们与牛顿的区别。莱布尼茨说,行星不仅沿椭圆运转,而且所有行星都在同一个平面上沿着相同的方向围绕太阳运转。按照牛顿的理论,它们应该能在任何平面上沿着任何方向移动,因此在一定程度上诉诸涡旋来解释是必要的。莱布尼茨在信中重复了机械论哲学的基本信念,即宇宙对于人类的理性是透明的。而万有引力定律则似乎给理解力蒙上了一层不透明的帷幕。早在《自然哲学的数学原理》出版 15 年前，惠更斯在回应牛顿关于颜色的论文时就做出了同样的批评——牛顿只是表明，产生一种颜色感觉的光线与产生另一种颜色感觉的光线是不同的，但他并没有解释颜色的差异是什么。牛顿与传统机械论哲学家之间的基本分歧在于，牛顿愿意接受的科学理想相信自然最终是不可理解的。

158

力的概念使牛顿科学理想的核心议题变得明朗化。在最初发表于 1706 年的疑问 31 中，牛顿回应了对他恢复隐秘性质的指控：

> 这些本原，我认为都不是因事物的特殊形式而产生的隐秘性质，而是自然的一般规律，正是由于它们，事物本身才得以形成。虽然这些规律的原因还没有找到，但它们的真实性却通过种种现象呈现给我们。因为这些本原是明显的性质，只有它们的原因是隐蔽着的。亚里士多德派所说的"隐秘性质"并非指明显的性质，而是仅指那些他们认为隐藏在事物背后、构成了明显结果的未知原因的性质，如重力、电磁吸引和发酵等等的原因，如果我们认为这些力或作用源自那些我们无法发现和显明的未知性质的话。这些隐秘性质阻碍了自然哲学的进步，所以近年来已经被抛弃了。如果你告诉我们说，每一种事物都有一种隐秘的特殊性质，由于它的作用而产生明显的结果，那么这实际上什么都没有说。但是先由现象得出两三条一般的运动本原，而后告诉我们，所有物体的性质和作用是如何由这些明显的本原中得出来的，那么，虽然这些本原的原因还没有发现，在哲学上却是迈出了一大步。因此，我毫无顾虑地提出了上述那些运动本原，因为它们的应用范

围很广，其原因则留待以后去发现。

在1713年出版的《自然哲学的数学原理》第二版结尾的“总释”中，牛顿以经典的形式表达了同样的观点。他说，到目前为止，他已经通过引力解释了现象，但并没有解释引力的原因：

> 但迄今为止，我还没有能够从现象中发现重力所以有这些属性的原因，我不杜撰假说；因为，凡不是从现象中推导出来的任何说法都应称之为假说；而假说，无论是形而上学的还是物理学的，无论是关于隐秘性质的还是关于力学性质的，在实验哲学中都没有位置。

我不杜撰假说（*hypotheses non fingo*）。在某种意义上，这种说法明显是错误的；牛顿的确杜撰了假说，而且是相当宏大的假说。然而，就在他坚持严格区分得到证明的结论和旨在解释这些结论的假说，并拒绝在证明中掺入思辨而言，这种说法是可以成立的。因此，对牛顿来说，力是用机械论方式来描述现象所必需的一个概念。其有效性依赖于它在证明中的效用，而不是依赖于用来解释其起源的假说。 159

牛顿认为，人最终是无法完全理解自然的。不能指望科学了解事物的本质。这一直是17世纪机械论哲学的纲领，人们之所以持续地想象不可见的机制，乃是源于这样一种信念：只有把现象追溯到最终的东西时，科学解释才是有效的。而对牛顿来说，自然是给定的，它的各个方面可能永远也无法理解。渐渐地，光学、化学、生物学等其他学科都接受了同样的限制,都不再使用想象的机制,不去解释而去描述,提出了一套适合于自己现象的概念。牛顿认为,物理学旨在以定量方式精确地描述运动现象。因此,即使不了解力的最终实在性,也可以对力的概念进行科学证明。牛顿的工作使得以伽利略为代表的数学描述传统与以笛卡儿为代表的机械论哲学传统有可能达成和解。通过把两者结合起来,牛顿使17世纪的科学工作达到了相当的高度,以至于历史学家会谈及一场科学革命。正是在由此确立的框架中,现代科学得以继续前进。

进一步阅读建议[①]

关于我们目前对17世纪科学的理解，亚历山大·柯瓦雷(Alexandre Koyré)著作的影响比其他任何作品都要大。他的重要著作《伽利略研究》(*Etudes Galiléennes*, Paris, 1939)已被译成英语，概述其结论的较短文章已重印于《形而上学与测量》(*Metaphysics and Measurement*, Cambridge, Mass., 1968)。另一本书《从封闭世界到无限宇宙》(*From the Closed World to the Infinite Universe*, Baltimore, 1957)也展示了柯瓦雷对这一时期的看法。对于理解基本思想线索几乎同样重要的是伯特(E. A. Burtt)的《近代物理科学的形而上学基础》(*The Metaphysical Foundations of Modern Physical Science*, revised ed., London, 1932)。有几本很容易得到的优秀著作主要关注17世纪的科学。赫伯特·巴特菲尔德的《现代科学的起源》(Herbert Butterfield, *The Origins of Modern Science*, London, 1950)以及霍尔(A. R. Hall)的两本书——《科学革命》(*The Scientific Revolution*, London, 1954)和《从伽利略到牛顿》(*From Galileo*

① 本附录写作时间较早，虽仍有参考价值，但其中一些内容已经过时，阅读时请读者注意。——译者注

to Newton, New York, 1963）——是其中最突出的。有两部涵盖更广泛时期的作品，其中与17世纪相关的章节也包含着宝贵的见解。戴克斯特豪斯（E. J. Dijksterhuis）的《世界图景的机械化》（*The Mechanization of the World Picture*, trans. C. Dikshoorn, Oxford, 1961）以17世纪结束；吉利斯皮（C. C. Gillispie）的《客观性的边缘》（*The Edge of Objectivity*, Princeton, 1960）则以17世纪开始。这两部作品都产生了相当大的影响。最后，《科学史》（*History of Science*, ed. René Taton, trans. A. J. Pomerans, New York, 1964）是一本有用的参考书，它的第二卷载有讨论各门科学发展的详细文章。

从哥白尼到开普勒的天文学思想发展一直是诸多文献的主题。柯瓦雷再次贡献了一项重要研究，即《天文学革命》（*La révolution astronomique*, Paris, 1961）。马克斯·卡斯帕（Max Casper）的传记《开普勒》（*Kepler*, trans. C. Doris Hellman, New York, 1959）已有英译本。亚瑟·凯斯特勒（Arthur Koestler）的《梦游者》（*The Sleepwalkers*, London, 1959）是一本有倾向性的书，其核心特征是对开普勒作了有趣的刻画和分析，凯斯特勒对开普勒仰慕有加，以致给书中其他人的形象造成了损害。泡利（W. Pauli）的《原型观念对开普勒科学理论的影响》（*The Influence of Archetypal Ideas on the Scientific Theories of Kepler*, New York, 1955）和杰拉尔德·霍尔顿（Gerald Holton）的"Johannes Kepler's Universe: Its Physics and Metaphysics," *American Journal of Physics*, 24 (1956), 340—351 中包含着关于开普勒思想的重要分析。关于开普勒对行星理论的贡献，德莱尔（J. L.

E. Dreyer）的《从泰勒斯到开普勒的行星体系史》（*History of the Planetary Systems from Thales to Kepler*, Cambridge, 1906）作了可靠的总结。

前已提到柯瓦雷对于我们理解伽利略力学的重要贡献。他还写了一些关于17世纪力学的文章，其中我只举两个例子——*A Documentary History of the Problem of Fall from Kepler to Newton*, *Transaction of the American Philosophical Society*, New series, Vol. 45, Part 4, 1955 和"An Experiment in Measurement," *Proceedings of the American Philosophical Society*, 97（1953）, 222—237。《伽利略：科学人》（*Galileo, Man of Science*, ed. E. McMullin, New York, 1967）中有一系列文章讨论伽利略的力学，其编者麦克马林的标题文章特别重要。在17世纪的力学通史中，科恩（I. B. Cohen）的《新物理学的诞生》（*The Birth of a New Physics*, Garden City, New York, 1960）包含着清晰的阐述。恩斯特·马赫（Ernst Mach）的《力学史评》（*The Science of Mechanics: A Critical and Historical Account of its Development*, trans. T. J. McCormack, 6th ed., LaSalle, Illinois, 1960）是一部经典的批判性分析，它在组织上基本是历史性的。勒内·迪加（René Dugas）的《17世纪的力学》（*Mechanics in the Seventeenth Century*, trans. F. Jacquot, Neuchatel, 1958）包含着大量较为难懂的信息，适合那些真正有毅力的人阅读。

人们后来对于赫尔墨斯主义传统产生了极大兴趣，大部分集中在帕拉塞尔苏斯和布鲁诺等17世纪以前的人物身上。保罗·罗西（Paolo Rossi）的《弗朗西斯·培根：从魔法到科学》（*Francis*

Bacon: From Magic to Science, trans. S. Rabinovitch, London, 1968)和瓦尔特·帕格尔(Walter Pagel)的《范·赫尔蒙特科学与医学的宗教和哲学方面》(*The Religious and Philosophical Aspects of van Helmont's Science and Medicine*, *Supplements to the Bulletin of the History of Medicine*, No. 2, Baltimore, 1944)是涉足17世纪材料的两个显著例外。关于机械论哲学有大量研究。柯林伍德(R.G. Collingwood)《自然的观念》(*The Idea of Nature*, Oxford, 1945)中的一章对17世纪的自然观作了富有见地的分析。正如标题所暗示的,Marie Boas (now Marie Boas Hall),"The Establishment of the Mechanical Philosophy," *Osiris*, 10(1952), 412—541主要关注罗伯特·波义耳。哈瑞(R. Harré)的《物质与方法》(*Matter and Method*, London, 1964)提出了一种以历史线索进行组织的哲学分析。关于笛卡尔的大量材料并没有把笛卡尔当作科学传统的一部分进行广泛关注,但讨论笛卡尔哲学的书大都谈到了他的物质观和自然观。关于伽桑狄和原子论传统的研究要少得多,而且主要在法国,但最近有一本罗伯特·卡贡(Robert Kargon)的书《原子论在英格兰,从哈利奥特到牛顿》(*Atomism in England from Hariot to Newton*, Oxford, 1966)问世。

米德尔顿(W. E. K. Middleton)最近出版了《气压计史》(*The History of the Barometer*, Baltimore, 1964)。光学研究比人们想象的要少,不过,萨卜拉(A. I. Sabra)的杰作《从笛卡尔到牛顿的光论》(*Theories of Light from Descartes to Newton*, London, 1967)虽然并不试图成为一部17世纪的光论史,但比其他作品更

接近于实现这一目标。瓦斯科·龙基(Vasco Ronchi)的《光的历史》(*Histoire de la lumière*, trans. J. Taton, Paris, 1956)对包括17世纪在内的光学通史作了权威考察。我发表了几篇文章,更详细地探讨了这里提出的主题——"The Development of Newton's Theory of Colors," *Isis*, 53 (1962), 339—358; "Isaac Newton's Coloured Circles Twixt Two Contiguous Glasses," *Archive for History of Exact Sciences*, 2 (1965), 181—196; "Uneasily Fitful Reflections on Fits of Easy Transmission," *The Texas Quarterly*, 10 (1967), 86—102; 以及"Hugyens' Rings and Newton's Rings: Periodicity and 17th Century Optics," *Ratio*, 10 (1968), 64—77。

最重要的17世纪生物学思想史是法语著作——埃米尔·居耶诺(Emile Guyenot)的《17、18世纪的生命科学》(*Les sciences de la vie aux XVIIe et XVIIIe siècles*, Paris, 1941)和雅克·罗热(Jacques Roger)的《18世纪法国思想中的生命科学》(*Les sciences de la vie dans la pensée francaise du XVIIIe siècle*, Paris, 1963),后者尽管标题如此,但仍然广泛讨论了17世纪。埃里克·诺登斯基奥尔德(Erik Nordenskiold)的《生物学史》(*The History of Biology*, trans. L. B. Eyre, New York, 1935)是权威的生物学史,包含着讨论17世纪的大量材料。哈维一直被广泛研究。他的传记为数不少,其中包括Robert Willis, "The Life of William Harvey, M.D.," in *The Works of William Harvey*, M .D. (London, 1848)和杰弗里·凯恩斯(Geoffrey Keynes)的《威廉·哈维传》(*The Life of William Harvey*, Oxford, 1966)。关于其心脏研究

的更多专门研究可见于查尔斯·辛格（Charles Singer）的《血液循环的发现》（*The Discovery of the Circulation of the Blood*, London, 1922）和 H. P. Bayon, "William Harvey, Physician and Biologist," *Annals of Science*, 3（1938）, 59—118, 435—456; 4（1939）, 65—106, 329—389。瓦尔特·帕格尔最近的作品《威廉·哈维的生物学思想》（*William Harvey's Biological Ideas*, Basel & New York, 1967）是由一位杰出的科学史家所撰写的杰作，它将哈维的工作置于其整个生物学方法的背景之下。17 世纪的胚胎学才刚刚开始被详细研究，但最近有一个大部头的出版物，即霍华德·阿德尔曼（Howard Adelmann）的《马尔皮基和胚胎学的演进》（*Marcello Malpighi and the Evolution of Embryology*, 5 vols., Ithaca, New York, 1966），包含了原始资料和二手研究。

埃莱娜·梅斯热（Hélène Metzger）的《17 世纪初至 18 世纪末法国的化学学说》（*Les doctrines chimiques en France du début du XVIIe à la fin du XVIIIe siècle*, Paris, 1923），这部讨论 17 世纪化学的基础著作仍然没有从法语翻译过来。梅斯热生前并没有实现标题中提到的整个计划，但她在这本书和名为《牛顿、施塔尔、布尔哈夫和化学学说》（*Newton, Stahl, Boerhaave et la doctrine chimique*, Paris, 1930）的另一部著作中都涵盖了 17 世纪的化学。有两部优秀作品共同涵盖了 17 世纪的英格兰化学——艾伦·德布斯（Allen Debus）的《英国帕拉塞尔苏斯主义者》（*The English Paracelsians*, London, 1965）和玛丽·博阿斯（霍尔）的《罗伯特·波义耳与 17 世纪化学》（*Robert Boyle and Seventeenth-Century Chemistry*, Cambridge, 1958）。与其他 25

页左右的论文相比，Thomas Kuhn，"Robert Boyle and Structural Chemistry in the Seventeenth Century，" *Isis*，43（1952），12—36 使我们对科学革命时代的化学有了更多的了解。

17 世纪科学社团的发展一直是许多研究的主题。玛莎·奥恩斯坦（Martha Ornstein）的《科学社团在 17 世纪的角色》（*The Role of the Scientific Societies in the Seventeenth Century*，Chicago，1928）是一部权威的通史。皇家学会吸引了持续的研究。最新的皇家学会史是多萝西·斯汀森（Dorothy Stimson）的《科学家和业余爱好者：皇家学会史》（*Scientists and Amateurs，A History of the Royal Society*，New York，1948）和玛格利·珀弗（Margery Purver）的《皇家学会：概念和创造》（*The Royal Society: Concept and Creation*，London，1967），后者是一本富有争议的书，它试图把培根模式强加于该组织。哈考特·布朗（Harcourt Brown）的《17 世纪法国的科学组织》（*Scientific Organization in Seventeenth Century France*，Baltimore，1934）向英语世界的读者详细介绍了法国社团。最近的两本书对大学中的科学表达了一些不同观点——威廉·科斯特洛（William T. Costello）的《17 世纪初剑桥的学校课程》（*The Scholastic Curriculum at Early Seventeenth-Century Cambridge*，Cambridge，Mass.，1958）和马克·柯蒂斯（Mark Curtis）的《转变中的牛津和剑桥：1558—1642》（*Oxford and Cambridge in Transition 1558—1642*，Oxford，1959）。R. K.Merton，"Science，Technology and Society in Seventeenth Century England，" *Osiris*，4（1938），360—632 和 Edgar Zilsel，"The Sociological

Roots of Science," *American Journal of Sociology*, 47 (1941—42), 544—562 是对科学革命社会背景的开拓性研究。A.R. 霍尔在两篇文章中对他们的结论提出了反驳——"Merton Revisited," *History of Science*, 2 (1963), 1—16 和"The Scholar and the Craftsman in the Scientific Revolution," *Critical Problems in the History of Science*, ed. Marshall Clagett (Madison, 1962), pp. 3—23。尚无科学方法的发展史，R. M. Blake, C. J. Ducasse, and E. H. Madden, *Theories of Scientific Method* (Seattle, 1960) 是与之最为接近的著作。琼斯(R. F. Jones)的《古代人与现代人》(*Ancients and Moderns*, St. Louis, 1936)是一项重要研究，讨论了与科学运动相关的各种态度。

关于艾萨克·牛顿的学术研究一直源源不断、蔚为大观，这里无法一一列举。在传记中，最重要的是戴维·布儒斯特(David Brewster)的《艾萨克·牛顿爵士的生平、著作和发现》(*Memoirs of the Life, Writings, and Discoveries of Sir Isaac Newton*, Edinburgh, 1855)和路易斯·莫尔(Louis T. More)的《牛顿传》(*Isaac Newton, A Biography*, New York, 1934)。弗兰克·曼努埃尔(Frank Manuel)的《艾萨克·牛顿素描》(*A Portrait of Isaac Newton*, Cambridge, Mass., 1968)是一份人人必读的精彩的历史精神分析。与 17 世纪科学中的每一个重要论题一样，柯瓦雷也写了大量关于牛顿的文章；他最重要的文章已收录于《牛顿研究》(*Newtonian Studies*, Cambridge, Mass., 1965)。另一项不容忽视的重要研究是 I. B. 科恩的《富兰克林和牛顿》(*Franklin and Newton*, Philadelphia, 1956)。约翰·赫里维尔(John Herivel)的

《牛顿〈原理〉的背景》(*The Background to Newton's "Principia"*, Oxford, 1965)详细分析了牛顿动力学的发展以及所有相关来源。A.R. 霍尔和玛丽·博厄斯·霍尔编的另一部论文集《未发表的牛顿科学文稿》(*Unpublished Scientific Papers of Isaac Newton*, Cambridge, 1962)和 I. B. 科恩编的《艾萨克·牛顿关于自然哲学的论文和书信》(*Isaac Newton's Papers & Letters on Natural Philosophy*, Cambridge, Mass., 1958)包含着有价值的介绍。关于牛顿数学的公认最重要的著作是怀特塞德(D. T. Whiteside)编的《艾萨克·牛顿的数学文稿》(*The Mathematical Papers of Isaac Newton*, 3 vols. continuing, Cambridge, 1967 continuing)。怀特塞德的"Patterns of Mathematical Thought in the later Seventeenth Century," *Archive for History of Exact Sciences*, 1 (1961), 179—388 连同他在《艾萨克·牛顿的数学文稿》中的导言，是关于牛顿数学最出色的研究。最近一期的 *Texas Quarterly* (Vol. 10, No. 3, 1967)——其总标题是"艾萨克·牛顿爵士的奇迹年"——是一本文集，为目前的牛顿理解状况提供了一幅连贯的画面。

最后我们必须指出，哪些重要的科学著作已经有了英译。关于开普勒，只有《哥白尼天文学概要》(*The Epitome of Copernican Astronomy*)中的两卷和《世界的和谐》(*The Harmonies of the World*)中的一卷被译成了英文，载于 *Great Books of the Western World*, R. M. Hutchins ed. (Chicago, 1952)第 16 卷。伽利略的所有作品都在翻译中，其中大部分现已出版。笛卡尔的大多数著作都在翻译和印刷。伽桑狄的一份翻译节录于 17 世纪问世。至于17世纪末光学的两大经典，牛顿的《光学》最初是用英语写的，惠更斯的《光论》已被译成英文，而他的其他著作则没有英译。波义耳的大部分作品最初是以英文出版的，范·赫尔蒙特的著作在17世纪被译成英文。吉尔伯特的著作已被翻译和出版，哈维的著作也是如此。最近，马尔皮基的胚胎学著作和伽桑狄的著作一起被翻译过来。胡克经典的显微镜观察即《显微图谱》虽然标题为拉丁文，但却是以英文出版的，自那以后不断再版，目前仍在印刷。莱布尼茨的大部分论文和著作已被翻译。牛顿的所有重要著作都在印刷，无论是《自然哲学的数学原理》还是大量文稿。科学革命在其原始著作中要比在任何二手研究中更容易理解。

索　引

（数字为英文原书页码，请参照本书边码）

图书在版编目(CIP)数据

近代科学的建构:机械论与力学/(美)理查德·韦斯特福尔著;张卜天译. —北京:商务印书馆,2020(2024.4重印)
(科学史译丛)
ISBN 978-7-100-17777-1

Ⅰ.①近… Ⅱ.①理… ②张… Ⅲ.①机械唯物主义—自然科学史—世界—近代 Ⅳ.①N091

中国版本图书馆CIP数据核字(2019)第188596号

科学史译丛
近代科学的建构:机械论与力学
〔美〕理查德·韦斯特福尔 著
张卜天 译

商 务 印 书 馆 出 版
(北京王府井大街36号 邮政编码100710)
商 务 印 书 馆 发 行
北京中科印刷有限公司印刷
ISBN 978-7-100-17777-1

2020年5月第1版 开本880×1230 1/32
2024年4月北京第3次印刷 印张 6 7/8
定价:42.00元

《科学史译丛》书目

第一辑（已出）

文明的滴定：东西方的科学与社会	〔英〕李约瑟
科学与宗教的领地	〔澳〕彼得·哈里森
新物理学的诞生	〔美〕I. 伯纳德·科恩
从封闭世界到无限宇宙	〔法〕亚历山大·柯瓦雷
牛顿研究	〔法〕亚历山大·柯瓦雷
自然科学与社会科学的互动	〔美〕I. 伯纳德·科恩

第二辑（已出）

西方神秘学指津	〔荷〕乌特·哈内赫拉夫
炼金术的秘密	〔美〕劳伦斯·普林西比
近代物理科学的形而上学基础	〔美〕埃德温·阿瑟·伯特
世界图景的机械化	〔荷〕爱德华·扬·戴克斯特豪斯
西方科学的起源（第二版）	〔美〕戴维·林德伯格
圣经、新教与自然科学的兴起	〔澳〕彼得·哈里森

第三辑（已出）

重构世界	〔美〕玛格丽特·J. 奥斯勒
世界的重新创造:现代科学是如何产生的	〔荷〕H. 弗洛里斯·科恩
无限与视角	〔美〕卡斯滕·哈里斯
人的堕落与科学的基础	〔澳〕彼得·哈里森
近代科学在中世纪的基础	〔美〕爱德华·格兰特
近代科学的建构	〔美〕理查德·韦斯特福尔

第四辑

希腊科学(已出)	〔英〕杰弗里·劳埃德
科学革命的编史学研究(已出)	〔荷〕H. 弗洛里斯·科恩
现代科学的诞生(已出)	〔意〕保罗·罗西
雅各布·克莱因思想史文集	〔美〕雅各布·克莱因
力与场:物理学史中的超距作用概念	〔英〕玛丽·赫西
时间的发现	〔英〕斯蒂芬·图尔敏 〔英〕琼·古德菲尔德